EIN ISLANDPFERD KOMMT SELTEN ALLEIN

ROLAND LANGE

EIN ISLANDPFERD KOMMT SELTEN ALLEIN

KOSMOS

Ein Islandpferd kommt selten allein

Es hätte nie passieren dürfen…

Warum habe ich sie nur nicht bemerkt? Diese leuchtenden Augen! Ich weiß gar nicht, wessen Augen heller leuchteten – die meiner Frau oder die meiner Tochter.

Ist im Nachhinein auch ziemlich egal. Ich war in diesen Minuten voller Magie einfach nicht mehr Herr meiner Sinne. Verzaubert, verhext, angetörnt, high, vielleicht hatte mir die Sonne auch nur das Gehirn angesengt. Anders kann ich das nicht erklären, was ich mich sagen hörte:

»Wenn wir je ein Pferd bekommen, dann muss es ein Isi sein.«

Was war passiert? Bis zu jenem Tag im Frühsommer des Jahres 1994 war ich ein ganz normaler Mensch mit einer Frau und zwei Kindern, mit viel zu vielen Träumen und viel zu wenig Geld. Und in diesen Träumen kam so ziemlich alles vor, nur eben keine Pferde – höchstens in meinen Alpträumen, aber die hatte ich, Gott sei Dank, nur äußerst selten.

Was störte es mich, dass meine Frau Pferde fast noch inniger liebte als mich? Sie hatte schon als Kind eine Allergie gegen Pferde entwickelt, die es ihr unmöglich machte, diesen, ihrer Meinung nach, göttlichen Tieren zu nahe zu treten. Damit hatte ich die Gewähr, mich nie eingehender mit dem Thema Pferde beschäftigen zu müssen.

Zwar entwickelte meine Tochter mit der Zeit eine ähnlich abgedrehte Pferdeliebe wie ihre Mutter, aber sollte ich mir darüber Gedanken machen? Zwar betreute meine Tochter schon bald »Juri«, einen mehr als zwanzig Jahre alten Trakehner-Wallach.

Aber konnte mich das aus dem Gleichgewicht bringen? Zwar trat meine Tochter einem Reitverein bei und ich fuhr sie mehr als einmal zur Reithalle und bestaunte ihre Reitkünste. Aber musste ich mir deshalb schon irgendeine Beziehung zu Pferden nachsagen lassen? Nein, musste ich nicht! Ich fühlte mich rundum wohl und wunderbar resistent gegen das Pferdefieber.

Ich begleitete meine Tochter auch sehr oft, wenn sie ihre Runden durch die Feldmark drehte. Sie hoch zu »Juri«, ich hoch zu Drahtesel. Na und? Andere Väter begleiten ihre Kinder ins Schwimmbad, obwohl sie wasserscheu sind. Klar, vielleicht hätte ich mich nicht überreden lassen dürfen, auf »Juri« zu steigen. Obwohl, man möchte ja nicht vor seinem Kind den Eindruck erwecken, man sei feige.

Es war schon komisch da oben in schwindelnden Höhen auf dem Pferderücken. Und als das Ungetüm schließlich einen Schritt vorwärts machte, rutschte mir mein Herz buchstäblich in die Hose. Doch das ließ ich meine Tochter nicht merken. Sie sollte sich später vor ihren Mitschülerinnen nicht für ihren Vater schämen müssen!

Hätte sie nur ihrer Mutter nicht von meiner Heldentat erzählt! Während ich froh war, wieder heil zuhause angekommen zu sein und mir im Inneren schwor, jedem Pferderücken in Zukunft aus dem Weg zu gehen, strickte meine Frau an falschen Hoffnungen.

Ich hätte mir, verdammt noch mal, Sorgen machen müssen! Ab jenem Zeitpunkt nämlich, als meine Frau anfing, aktiv gegen ihre Allergie anzugehen. Spätestens aber, als ich die Augen nicht mehr davor verschließen konnte, dass ihre Anti-Allergie-Bemühungen Erfolg zeigten. Was aber tat ich? Statt den besorgten Ehemann zu spielen und ihr einzureden, sie bilde sich das Abklingen ihrer Allergie nur ein, freute ich mich über ihre Genesungsfortschritte wie ein kleines Kind und merkte gar nicht, wie ich mir mein eigenes Grab schaufelte.

Ich hätte es wissen müssen! Steter Tropfen höhlt den Stein. Ich hätte es wissen müssen, als meine Frau das erste Mal über die Möglichkeit sprach, ein eigenes Pferd zu haben. Wie konnte ich nur so leichtsinnig sein, mich auf die Wirklichkeit zu verlassen? Die Wirklichkeit, die besagte, dass auf einem Grundstück mit Einfamilienhaus, Schuppen und gepflegter Rasenfläche unmöglich ein Pferd gehalten werden konnte. Die Wirklichkeit, die mich als jemanden auswies, der weder Weiden noch landwirtschaftliche Geräte noch sonst irgendetwas besaß, das ihn zur Großtierhaltung befähigte. Die Wirklichkeit, die es uns nicht erlaubte, ein Pferd in einem Reitstall unterzustellen, wo es in Seelenruhe unser Konto leer fressen durfte. Alle Wirklichkeiten hatte ich in mein Kalkül mit eingeschlossen. Nur die eine nicht: Frauen haben zuweilen die unangenehme Fähigkeit, alles zu erreichen, was sie sich in den Kopf setzen.

Es hätte nie passieren dürfen, dass wir uns an jenem Sonntagmorgen in unser Auto setzten und nach Duderstadt fuhren, um uns die Landesausstellung anzuschauen. Der Weg von der Kasse führte uns direkt zu den Freianlagen des Geländes. Viel kleines Getier war zu bestaunen und auch viel Gerät. Augen und Seele waren bereit, all die wunderbaren Eindrücke um uns herum zu sammeln und aufzunehmen. Die Sonne schien und unsere Herzen weiteten sich zu offenen Scheunentoren. Und genau in dem Augenblick, als sich auch meine Torflügel unter vernehmlichem Quietschen ihrer eingerosteten Scharniere sperrangelweit geöffnet hatten, erblickte ich sie: die Isis.

In einiger Entfernung grasten sie auf einer Koppel. Beschienen von der Sonne glänzte ihr Sommerfell und der leichte Wind spielte in ihren dichten, langen Mähnen. Ich kannte Islandponys bisher nur von Fotos, die ich mir, wie die Fotos anderer Pferde auch, zu allen, meist unpassenden, Gelegenheiten ansehen musste. Ich war stolz auf mein Wissen, als mir meine Tochter auf Anfrage bestätigte, dass ich mich nicht getäuscht hatte und ich tatsächlich Isis vor mir sah. Ich war hin und her gerissen von der seltsamen Anmut und Eleganz, die so ganz und gar nichts mit der anderer Pferderassen gemein hatte. Ich spürte das herzhafte, robuste und liebenswürdige Wesen der Tiere bis zu mir hin. Und schon waren sie durch meine geöffneten Scheunentore hineingaloppiert.

Es hätte nie passieren dürfen... und doch war es geschehen. Ich war von einer Minute zur anderen infiziert vom Isi-Fieber und brachte nur noch den einen Satz über die Lippen, mit dem ich mein Schicksal besiegelte:

»Wenn wir je ein Pferd bekommen, dann muss es ein Isi sein.«

Alles kein Problem

Sonntags hatten wir einen Termin auf dem Islandpferde-Hof der Familie Kostviel-Machtnix.

Ich liebe Doppelnamen! Sie haben so was Emanzipiertes. Ich heiße nur Lange. Allerweltsname, einfach banal. Wenn da jemand was von ableiten würde, ich sähe wohl ganz schön alt aus.

Eine Stunde Fahrzeit kostete es uns, ehe wir vor den verschlossenen Hoftoren der Familie Kostviel-Machtnix standen. Eine Klingel gab es nicht. Auch keinen Klopfer oder etwas Ähnliches, mit dem man sich hätte bemerkbar machen können.

So ist das eben mit den schönen und reichen Doppel-Namlern. Die möchten nicht von so dahergelaufenen Langes, wie wir es sind, gestört werden. Es sei denn, man hat einen Termin.

Wir hatten einen Termin! Allerdings neigen wir dazu, immer und überall zu früh aufzukreuzen. Kein Wunder, dass uns der Zugang zur Wunderwelt des Machtnix'schen Hofes noch etwa drei Minuten verwehrt blieb. Dann erschien er. Pünktlich wie eine Atomuhr: der Hausherr!

»Hallo, ich grüße Sie, Familie Lange«, rief Herr Kostviel-Machtnix freudig erregt, während seine Augen sprachen: »Hereinspaziert, ihr armen Ahnungslosen.«

Nun, zu jenem Zeitpunkt, als wir uns am Tor begrüßten, fand ich mich weder arm noch ahnungslos. Der Familienrat, bestehend aus meiner Frau und meiner Tochter, hatte nämlich zuvor in wochenlanger Klein- und Feinarbeit Wissen über Islandpferde angehäuft und auch mich daran teilhaben lassen.

Als dann beinahe folgerichtig die Absicht reifte, den Kauf eines Isis zu erwägen, beugte ich mich dem massiven Druck des Familienrates und stellte gezwungenermaßen fest, dass wir keinesfalls zu arm waren, die Absicht auch in die Tat umzusetzen.

»Sie interessieren sich also für ein Islandpferd? Da habe ich ein paar ganz tolle Tiere, die Sie sich ansehen müssen!«

Herr Kostviel-Machtnix dachte gar nicht daran, uns in lange Vorreden zu verwickeln oder, wie wir es erwartet hatten, uns durch sämtliche Ställe seines Anwesens zu schleifen. Er steuerte schnurstracks auf seinen mächtigen Geländewagen zu und bat uns einzusteigen. Schon dieses Auto nötigte uns ehrfurchtsvolles Staunen ab und ließ in mir das erste Mal an diesem Tag das leise Gefühl aufkommen, dass wir vielleicht doch nicht ganz so wohlhabend waren mit unserem altweißen VW-Golf, Baujahr 1992.

»Toller Wagen«, sprach meine Frau meine Gedanken aus, »da können wir nicht ganz mithalten.«

»Alles kein Problem«, befand Herr Kostviel-Machtnix gönnerhaft und trat das Gaspedal durch.

Nach einer guten Viertelstunde Fahrt durch Wald, Flur und Schlaglochserie im nicht abreißenden Nieselregen, tauchten die Objekte unserer Begierde vor unseren Augen auf. Das heißt, zunächst sahen wir nichts als weites Weidegrün, umrahmt von dichten Wäldern. Doch schon ein paar Meter und einige Schlaglöcher weiter lugten die ersten Isi-Köpfe neugierig hinter einer leichten Kuppe hervor.

»Wie niiiieedlich!«

Dass Frauen aber auch immer so hemmungslos ihre Gefühle zeigen müssen!

Herr Kostviel-Machtnix jedenfalls quittierte diesen Gefühlsausbruch mit einem wissenden Grinsen. Ach, was war der Mann doch sympathisch!

»Gehen Sie nur«, sagte Kostviel-Machtnix, kaum, dass

wir dem geländegängigen Vehikel entsprungen waren, »stellen Sie sich einfach mitten unter sie.«

Wir folgten seiner Aufforderung gern, zwängten uns durch das E-Band des Zaunes und stapften ohne Rücksicht auf unser unangemessenes Schuhwerk durch regennasses Gras. Kostviel-Machtnix folgte in gemessenem Abstand, wohl wissend, wie man potentielle Käufer einstimmt.

Die armen Isis hingegen schienen nicht mit so geballter Zuneigung ihrer neuen Verehrer gerechnet zu haben. Jedenfalls sahen sie das Heranstürmen unserer Kinder als ernste Bedrohung an, der sie sich nur durch Flucht entziehen konnten. Herr Kostviel-Machtnix mahnte uns zu gemäßigter Gangart, empfahl uns sogar stehen zu bleiben und zu warten, was passiert.

Wir gehorchten brav, blieben stumm und steif stehen wie regentriefende Vogelscheuchen, und harrten der Dinge, die da kamen. Tatsächlich dauerte es gar nicht lange, bis sie kamen, die Dinge. Neugierig, wie es nur Pferde sind, trabten sie aus allen Richtungen auf uns zu, musterten uns aus einigem Abstand, wagten sich dann Meter um Meter vor, bis sie uns, den Hals lang ausgestreckt, mit ihren samtweichen Mäulern untersuchen konnten. Das »Papp, papp, papp...« ihrer Lippen, dieses flapsende Geräusch, mit dem sie unsere Jackenärmel und vor allen Dingen Jackentaschen abtasteten, löste prompt so einen albernen biologischen Prozess in uns aus. Während Frau und Tochter auf der Stelle hoffnungslos vor der Biologie kapitulierten, wehrte ich mich noch eine Weile, ehe auch ich in einem Meer von Glückshormonen ersoff.

Kostviel-Machtnix stand nur da und grinste. Er kannte sich eben aus mit biologischen Reaktionen. Und mit den unausweichlichen Konsequenzen! Er wusste, Verliebte können nicht mehr rational denken. Und wir waren verliebt! Meine beiden Frauen auf jeden Fall und ein ganz, ganz kleines bisschen auch ich – zugegeben. Mein Sohn? Na ja, der wohl eher nicht, so, wie die Isis den kleinen Stöpsel bearbeiteten.

Irgendwann mussten wir uns trennen. Der Schmerz war groß und die Sehnsucht brannte. Kostviel-Machtnix genoss unser Leid. Auf der Rückfahrt zum Hof wagte meine Frau die Frage auszusprechen, die ihr schon einige Zeit schwer auf der Seele lag und auch mich zunehmend beschäftigte:

»Was würde denn so ein Isi kosten?«

Unser Gastgeber verscheuchte die Frage wie eine lästige Fliege, indem er antwortete:

»Da machen Sie sich mal keine Gedanken, das ist alles kein Problem.«

Die Antwort beruhigte uns ungemein. Trotzdem konnte ich nicht verhindern, dass mich mein innerer Finanzminister zur Wachsamkeit mahnte.

Zurück auf dem Machtnix'schen Hof war bereits alles angerichtet, um auch unsere letzten Widerstände weich zu kochen. Die Frau unseres Gastgebers war während unserer Tour zu den Weiden von ihrem Ausritt zurückgekehrt, hatte die Heizung im Reiterstübchen aufgedreht, den Tisch gedeckt und kam, kaum dass wir uns in den heimeligen vier Wänden niedergelassen hatten, mit Kaffee, Kakao und Kuchen herein. Was brauchte es mehr, um uns zu verwöhnen? Anspruchslos, wie wir waren, fühlten wir uns schon fast zur großen Reiterfamilie dazugehörig. Und so entwickelte sich sehr schnell eine muntere Plauderrunde, die von Herrn Kostviel-Machtnix in imponierender Manier dominiert wurde. Mit leuchtenden Augen ließ er sich zu einem flammenden Plädoyer für das Islandpferd, seine Reiter, Halter und Züchter hinreißen. Wir hatten absolut keine Chance, uns seiner Begeisterung zu entziehen. Wir sahen uns schon als stolze Besitzer eines Isis vom Hof fahren und auch die Perspektiven, die sich uns auftaten, waren rosig. Warum sollten nicht auch wir eines Tages in einer Herde von schnuckeligen, knuddeligen Isis stehen und sagen können: »Alles meine!«

Zwischenzeitlich bahnte sich hier und da die Vernunft für ein kurzes Intermezzo den Weg, verkörpert durch so banale Fragen wie:

»Wie viel Weide braucht man denn für so einen Isländer?« oder »Wo sollen wir denn bloß mit so einem Pferd im Winter hin?«

Für Kostviel-Machtnix waren solche Dinge unerheblich. Das war alles kein Problem für ihn. Nach seiner Meinung lungerte an jeder Straßenecke ein Bauer herum, der nur darauf wartete, so ein paar Langes, wie wir es waren, ein Stück Weide verpachten zu können, ihnen im Sommer Heu zu machen und Stroh zu schenken und seine geräumigen Stallungen als Winterquartier zur Verfügung zu stellen. Was waren wir froh, das alles zu erfahren! Dem Start als Pferdebesitzer stand damit fast nichts mehr im Weg. Wenn nur nicht diese alberne Frage nach dem Preis eines Isis wieder und wieder um uns herumgeschwirrt wäre. Wie eine lästige Fliege eben. Doch Kostviel-Machtnix war ein begnadeter Fliegenverscheucher. Alles kein Problem! Ich bekam langsam den Eindruck, er würde uns am Ende dieses Nachmittags eins seiner Schätzchen schenken.

Mein Eindruck hatte mich nicht getäuscht. Als wir uns endlich zum Aufbruch zwangen, machte er uns tatsächlich ein Geschenk. Jedenfalls meinte er, dass sein Angebot einem Geschenk gleichkam:

»Wallach, 5-jährig, angeritten, super Gangveranlagung, wird mal ein tolles Freizeitpferd, absolut verlässlich und ekzemfrei für den einmaligen Sonderpreis von sage und schreibe nur 14.000 DM!«

Wir schluckten, dankten, murmelten etwas wie: »Wir melden uns wieder« und schlichen durch das Hoftor auf unseren altweißen VW-Golf, Baujahr 1992 zu. Der war zwar keine 14.000 DM mehr wert. Aber den kannten wir und wussten, was wir an ihm hatten.

Auf's falsche Pferd gesetzt

Mit 'nem Isi war also nix.

Viel zu teuer, keine Weide, kein Unterstand, kein Winterquartier. Der Frust saß tief. Auch bei mir. Dabei hätte ich mich freuen müssen. Nie standen die Chancen so gut wie jetzt, um das Abenteuer »Islandpferd« zu beenden und ein Hobby, das ich nie wollte, zu beerdigen. Doch ich war bereits süchtig nach Isis und meine Gedanken kreisten noch eine ganze Weile um die knuddeligen Pferdchen.

Während die Zeit unerbittlich ins Land zog und schließlich meine Wunden heilte, braute sich etwas hinter meinem Rücken zusammen. Meine beiden Frauen nämlich studierten tagein, tagaus die Zeitschrift »Pferdemarkt«. Das musste mich nicht beunruhigen, denn das taten sie eigentlich schon immer. Doch als sie mich dann eines Tages, der Sommer neigte sich bereits stark dem Ende zu, mit treuherzigem Augenaufschlag umgurrten, ahnte ich nichts Gutes.

»Pippa...«, begann meine Tochter. Wenn sie mich mit diesem Kosenamen ansprach, war höchste Vorsicht geboten.

»Pippa, was hältst du davon, wenn wir uns einen Irish-Tinker kaufen. Kuck mal, die sind doch auch ganz toll.«

»Äh...«

Mehr konnte ich dazu nicht sagen, denn schon sah ich mich mit den Verkaufsfotos der verschiedensten Tinker konfrontiert.

»Die können zwar nicht tölten, aber sie sind wesentlich billiger. Und schicke Pferde sind das auch. Findest du nicht?«

Doch, ich fand. Wie sollte ich denn anders, so, wie mich

die Blicke meiner Frau durchbohrten. Und der Preis, der war tatsächlich attraktiv. Nur, eigentlich wollte ich ja gar nicht mehr ... naja, sie gefielen mir wirklich ganz gut.

Schön, also ein Irish-Tinker, das wäre vielleicht eine Alternative gewesen.

»Wir haben aber weder Weide noch Winterquartier«, erinnerte ich an zwei entscheidende Elemente der Pferdehaltung und hoffte, durch diese Hintertür der neuerlichen Versuchung zu entkommen.

Meine Frau schlug die Hintertür mit der ihr eigenen Vehemenz zu:

»Ich habe da im Kindergarten jemand kennen gelernt. Das ist eine von den Müttern, Schrepp heißt sie, die will sich mit ihrer Familie zusammen Isländer anschaffen. Wir könnten das gemeinsam machen. Sie findet das jedenfalls eine gute Idee. Und eine Weide und ein Winterquartier, da hätte sie schon was in Aussicht.«

Ich merkte, wie mir die Dinge aus der Hand glitten. Alles schien geregelt, alles schien klar. Ich brauchte bloß noch »Ja« dazu sagen. Doch ich zierte mich:

»Wenn die sich Isländer kaufen und wir einen Irish-Tinker, geht denn das? Ich meine, von wegen Offenstall und Robusthaltung und so ...«

»Alles kein Problem«, erwiderte meine Frau.

Ah ja, kein Problem also! Gut, dachte ich, wenn das so ist, dann soll sie das auch schön regeln. Ich werde mich etwas im Hintergrund halten.

Ich war erstaunt, mit welcher Rasanz sich die Dinge dann entwickelten. Zuerst stellte mich meine Frau den Schrepps vor. Wir beschnupperten uns kurz und beschlossen, es miteinander zu versuchen. Schon wenige Tage später konnten wir eine Weide pachten. Idyllisch gelegen, etwas hügelig und mit einem kleinen Bach. Einfach ideal! Und während die

Schrepps noch nach einem geeigneten Isländer suchten, der diese Weide einmal bevölkern sollte, verwandelte sich unser geplanter Irish-Tinker in einen Haflinger.

Natürlich hatte meine Frau bei diesem Geschäft die Finger im Spiel. Sie kannte einfach zu viele Leute. Und die kannten wieder jemanden, der jemanden kannte, der einen Haflinger verkaufen wollte. Nur wenige Kilometer entfernt stand dieses edle Tier auf einem Gutshof, wurde dort täglich von seiner Besitzerin, einer Pädagogin, gepflegt und geritten und hieß »Streuner«. Wir waren herzlich eingeladen, uns das nette Pferdchen einmal anzusehen und zu prüfen, ob wir Freunde werden könnten.

Es war keine Liebe auf den ersten Blick. Zwar behauptet meine Frau bis heute, Streuner sei ein wunderschönes Pferd gewesen mit seiner gewellten, wasserstoffblonden Mähne. Vielleicht mochte sie ihn ja wirklich, ebenso wie meine Tochter, aber ich konnte mich nie für ihn begeistern, auch wenn ich vorgab, es zu tun. Egal, der Wunsch, ein eigenes Pferd zu besitzen, war in der zurückliegenden Zeit ins Uferlose gewuchert, so dass wir wild entschlossen waren, Streuner zu kaufen. Doch vor dem Kauf standen einige Unterrichtseinheiten, die wir über den Winter in der hofeigenen Halle über uns ergehen lassen mussten. Das hatte sich Streuners Noch-Besitzerin ausbedungen und sie höchstselbst wollte diesen Unterricht leiten.

Allein der Gedanke an den Reitunterricht auf unserem zukünftigen Pferd bereitete mir Bauchschmerzen. Als ich mich dann das erste Mal in meinem Leben in eine Reithose zwängte, wusste ich, es gab kein Zurück.

Respektvoll hielt ich mich im Hintergrund, als meine Tochter, die schon aus vergangenen Reitverein-Tagen etwas von Pferden verstand, Streuner bürstete und striegelte, was das Zeug hielt. Schließlich wagte ich mich, weil meine Frau mich drängelte, näher an Streuner heran und schlich misstrauisch und unter Wahrung eines Sicherheitsabstandes um ihn herum.

Dann ging es in die Halle. Meine Tochter durfte Streuner zuerst besteigen und ihre Runden um unsere Reitlehrerin drehen, die mit dem Pferd über die Longe Kontakt hielt. Es sah eigentlich alles ziemlich harmlos aus, was mir ein wenig Mut machte. Ein zartes Pflänzchen namens Selbstbewusstsein wuchs in mir heran und bekam auch dann noch keinen Knacks, als meine Frau ihre ersten Meter auf Streuner bewältigte. Dafür, dass sie zum zweiten Mal auf einem Pferd saß, machte sie ihre Sache nämlich richtig gut.

Danach war die Reihe an mir. Drei sensationslüsterne Augenpaare starrten mich an. Wenn man die des Haflingers dazurechnete, waren es sogar vier! Vielleicht täuschte ich mich, aber mir schien, als zucke um die Maulwinkel des Pferdes ein hämisches Grinsen. Das machte meine Schritte nicht eben leichter. Mühsam schleppte ich mich durch die weichen Holzspäne, die den Hallenboden bedeckten. Dort stand es: das Ungeheuer, das nur darauf wartete, sich in eine Abschussrampe zu verwandeln, sobald ich auf seinen Rücken geklettert war.

Doch so schnell kommt man nicht auf den Rücken eines Pferdes! Diese bittere Erfahrung machte ich schon eine knappe Minute später. Ich tat alles so, wie ich es bei meinen beiden Vorreiterinnen beobachtet hatte: Gesicht zum Hinterteil des Pferdes. Einen Fuß, nämlich den linken, in den Steigbügel – ich hätte in der Vergangenheit mehr Gymnastik machen sollen – dann beide Hände zum Sattel, anfassen, hochziiiieee... flatsch! Ich lag in den Holzspänen und der Sattel hing unter dem Bauch des armen Streuner, der mehr als dämlich zu mir herunterglotzte.

Zweiter Anlauf. Sattel wieder in Position gebracht, Fuß in Steigbügel, mit Schwung vom Boden abdrücken. Der Oberkörper war schon fast drüben, aber das freie Bein wollte nicht so recht über Streuners Rücken schwingen. Nur eine kleine

Energieleistung rettete mich davor, die Holzspäne auf der anderen Seite des Pferdes ebenfalls näher kennen zu lernen.

Der Rest war dann ein aufopferungsvoller Akt von Körperbeherrschung. Auch die aufmunternden Worte meiner Reitlehrerin, als ich von Streuner abstieg, konnten mich nicht davon überzeugen, dass ich mich je zum lustvollen Reiter wandeln würde.

Noch eine weitere Reitstunde ließ ich über mich ergehen, ich wollte meine Frauen nicht enttäuschen, doch den Rest des Winters hatte ich unter enormem Zeitdruck und diversen Zipperlein zu leiden, so dass es mir nicht möglich war, weiterhin auf Streuner herumzuturnen. Eigenartigerweise machte auch meine Frau etliche Versuche, den Reitunterricht zu boykottieren. Nur unsere Tochter blieb eisern bei der Stange und sehnte den Tag herbei, an dem Streuner uns gehören sollte.

Der Tag kam. An einem lauen Frühlingsnachmittag durften wir Streuner auf unserer Weide begrüßen. Auch die Schrepps hatten die Zeit nicht sinnlos verstreichen lassen, sondern einen Isländer gekauft, der bereits einige Tage Eingewöhnungszeit auf der Weide und in unserem wunderschönen, selbstgebauten Weideunterstand hinter sich hatte. Nun mussten der Isländer der Schrepps und unser Streuner sich aneinander gewöhnen, was anscheinend auch ohne Probleme vonstatten ging.

Allerdings schien sich Streuner, das ausgewiesene Boxenpferd, nicht an den Bretterzaun gewöhnen zu wollen, mit dem wir den Unterstand unterteilt und von der Weide abgetrennt hatten. Hier nämlich sollten er und der Isländer die erste Nacht verbringen.

Streuner brauchte etwa eine halbe Stunde, um den Zaun in seine Einzelteile zu zerlegen. Erst jetzt wurde uns bewusst, was seine Vorbesitzerin meinte, als sie ihn einmal spaßeshalber »Ausbrecherkönig« genannt hatte.

Nach drei Tagen, in denen wir den Zaun um den Unterstand mehrfach notdürftig zusammengeflickt hatten, in denen wir versucht hatten, Streuner zu longieren, mit dem Ergebnis, dass er uns longierte, und in denen wir nur einen einzigen zaghaften Anlauf unternahmen, ihn zu reiten, gaben wir Streuner zurück.

Vorbei der Trennungsschmerz bei Streuners Vor- und jetzt Wiederbesitzerin, vorbei der Stress und die Angst bei meiner Frau und mir. Nur unsere Tochter konnte sich schwer mit dem Gedanken abfinden, plötzlich wieder pferdelos zu sein. Und, ehrlich gesagt, je weiter sich Streuners Hinterteil aus unserem Blickfeld entfernte, desto komischer wurde auch uns ums Herz.

Zugegeben, wir hatten mit Streuner auf's falsche Pferd gesetzt, aber sollte das wirklich das Ende gewesen sein?

Hördur

Doch wenig später schon tuschelte uns eine Bekannte zu, dass ihre Bekannte einen Isländer verkaufen wollte: Hördur – unser Traumpferd!

Hördur also hieß er. Wir sollten ihn ruhig mal anschauen. Könnte sein, dass wir genau nach solch einem Pferd suchten.

Die hinter uns liegenden Niederlagen waren vergessen und das Isi-Fieber brannte aufs Neue lichterloh. Nun denn, Termin vereinbart, ins Auto und los. Es war wieder einmal Sonntag.

Kühl und gelassen wollten wir die Sache dieses Mal angehen. Schließlich hatten wir unsere Erfahrungen, wussten, was wir wollten und überhaupt...

»Wenn der auch so viel kosten soll, kann diese Frau es vergessen!« sagte meine Frau bestimmt und beherrscht.

Ich konnte dem nur zustimmen.

»Und wenn er nicht geländesicher ist und wenn er nicht vernünftig töltet und wenn er schon mal so richtig krank war... also, mal eben so kaufe ich den bestimmt nicht!«, ergänzte ich, die Hände fest ums Lenkrad gekrallt und den Blick starr auf die Straße vor mir gerichtet.

Ich fand mich ganz schön toll, so als Experte in Sachen Pferdekauf. Meine Tochter fand das offensichtlich nicht.

»Warum fahren wir da überhaupt hin, wenn wir ihn sowieso nicht kaufen wollen?« plärrte sie. »Ich will ihn aber haben!«

Ihre äußerst zickige Reaktion reichte aus, um die ach so

kühle Fassade ihrer Eltern zum Einsturz zu bringen. Ein Wort gab das andere und binnen weniger Minuten spielten sich tumultartige Szenen im Inneren unseres Autos, dem immer noch weißen VW-Golf, Baujahr 1992, ab.

Reichlich zerfleddert, aber mit glühenden Wangen und einem sehnsuchtsvollen Brennen im Herzen erreichten wir den Hof am Rand des Sollings, wo wir sowohl auf Hördur als auch auf dessen Noch-Besitzerin, eine Frau Behrends, treffen sollten.

Doch zunächst sahen wir nur eine Art geräumiges Gartenhaus an der Peripherie eines Bauernhofes stehen, umgeben von zwei kleineren Wiesen je zur Linken und zur Rechten. Doch der zweite Blick bereits (unser mittlerweile geschulter Kennerblick nämlich) bescherte uns zwei in einer leichten Senke grasende Pferde, bei denen es sich um Isis handeln musste. Folgerichtig musste eins der grasenden Pferde »unser« Hördur sein – sofern wir auf dem richtigen Hof gelandet waren. Da hatten wir allerdings leichte Zweifel, denn weit und breit war keine Menschenseele zu sehen, also auch Frau Behrends nicht.

Wir beschlossen, der Frau einige Zeit zu geben um zu erscheinen und richteten unterdessen unser Augenmerk auf die beiden Isis, von denen uns besonders der wohlgenährte Fuchs gefiel, dessen Fell in der Sonne glänzte, während die Rappstute (dass es eine Stute war, erfuhren wir erst später) etwas deprimiert wirkte.

»Na mein Guter? Komm... komm...«, gurrte meine Frau und schmolz fast dahin, als sich der Fuchs tatsächlich in Bewegung setzte und auf uns zusteuerte. »Er mag mich!«, jubelte sie.

Der Fuchs ließ sie in dem Glauben. Warum sollte er auch schon zu Beginn unserer großartigen Freundschaft preisgeben, dass er ein äußerst verfressenes Stück war, nur darauf aus, immer und überall etwas zwischen die Zähne zu bekommen.

Dann endlich, nach etlichen weiteren vermeintlichen Liebesbeweisen seitens des Pferdes, kam Frau Behrends auf den Hof gerauscht. Ebenso gut proportioniert wie ihr Fuchs, näherte sie sich freundlich und etwas kurzatmig.

»Ja, er ist ein wahres Leckermaul«, kommentierte sie lachend die Bemühungen ihres »Schätzchens«, meiner Frau irgendein essbares Krümelchen zu entlocken, ehe sie uns begrüßte.

Ein paar belanglose Sätze genügten, um festzustellen, dass wir uns sympathisch waren – für einen Pferdekauf nicht ganz unwichtig, wie wir meinten. Dann war Frau Behrends auch schon mitten im Dozieren. Über ihren Hördur, über Islandpferde, über Haltung, Aufzucht und Pflege. Geballte Information lud sie uns auf, doch es wurde uns nicht zu schwer, denn es war die sorgende Mutter, die aus ihr sprach. Ihre Pferdchen waren die Kinder, die sie hegte und pflegte, denen sie alles Gute gab, was sie geben konnte. Wir waren fasziniert und gerührt von so viel Pferdeliebe. Ja, bei so einer Person ließ sich gut Pferde kaufen! Die meinte es ehrlich mit der Kreatur und mit ihren Mitmenschen!

Wir richteten Hördur für einen ersten Proberitt her. Hatten wir an unserem ersten Fehlkauf, dem guten Haflinger »Streuner«, die Pferdepflege noch sehr grobmotorisch betrieben, so erhielten wir an Hördur eine intensive Einweisung im differenzierten Umgang mit Striegel, Bürste, Hufkratzer, Sattel und Zaumzeug. Wir versuchten, uns nicht blöder anzustellen, als wir waren, denn manche Pferdebesitzer, so ging die Sage, sollten angeblich dazu neigen, nicht blind jedem Käufer ihr Pferd anzuvertrauen.

Frau Behrends beäugte denn auch sehr misstrauisch alles, was wir ihrem Hördur antaten. Bei mir schien sie sogar noch etwas misstrauischer zu sein. Als schließlich alles zu ihrer Zufriedenheit erledigt war, ging es auf die angrenzende

Wiese zum Test. Es wurde ein munteres Treiben, wie im Hippodrom auf dem Jahrmarkt. Einer von uns saß oben und ein anderer führte das arme Tier, das sicher schon bessere Reitstunden erlebt hatte, im Kreis herum. Meist im Schritt, aber dann auch wieder einen Zacken schneller, was bei mir unweigerlich zu den schon bekannten Verkrampfungen führte. Aber auf dem guten Hördur schien mir das alles plötzlich gar nicht so schlimm. Im Gegenteil: Ich machte in diesem Augenblick meine ersten positiven Erfahrungen auf dem Rücken eines Pferdes, die meine Seele in ungeahnte Euphoriezustände versetzten. Nur mit Mühe konnte ich einen verbalen Gefühlsausbruch verhindern und rettete mir damit wahrscheinlich das Leben. Denn mochte dieses Pferd auch noch so charakterfest erscheinen, ob es meinem wilden Kriegsgeheul standgehalten hätte, wage ich zu bezweifeln...

Als Frau Behrends schließlich allen Ernstes behauptete, Hördur ließe sich sogar als Westernpferd missbrauchen (»bei der exzellenten Ausbildung, die er genossen hat, alles kein Problem...«), war ich vollends von dem Pferd überzeugt. In mir schlummerte schon immer ein heimlicher John Wayne. Vielleicht konnte ich den bald aus mir herauslassen...

Mann, was waren wir glücklich, als wir wieder gen Heimat schnurrten. Wir hatten unser Traumpferd gefunden, der Preis war zwar hoch, aber nicht zu hoch und auch dieses kleine, unscheinbare, nebensächliche Allerweltsproblem, das Frau Behrends unverständlicherweise irritiert hatte, war beseitigt.

»Nee, reiten können wir noch nicht«, hatten wir ihr irgendwann zwischendurch gesagt und schnell hinzugefügt, als ihre Gesichtsfarbe ins Gräuliche wechselte, »aber Elke, unsere Freundin und hervorragende Großpferdreiterin wird uns das schon beibringen.«

»Aber Islandpferde, das ist schon anders, das wissen Sie hoffentlich?«, meldete Frau Behrends gewisse Zweifel an.

»Das kann die«, bügelten wir den Einwand flach, »die liest sich das mit dem Tölt in 'nem Buch durch und dann packt die das!« Wir waren wirklich davon überzeugt. Frau Behrends schließlich auch ...

An irgendeiner Stelle schienen Frau Behrends und wir an jenem Nachmittag jedoch aneinander vorbeigeredet zu haben. Das war uns gar nicht aufgefallen. Erst, als wir schon alle Vorkehrungen getroffen hatten, um Hördur zu uns zu holen und bei Frau Behrends wegen eines Abholtermins anriefen, behauptete sie allen Ernstes, sie habe eigentlich gar nicht vorgehabt, das Pferd zu verkaufen. Sie habe uns so verstanden, dass wir uns Hördur nur einmal ansehen wollten, um zu wissen, ob ein derartiges Pferd unseren Vorstellungen entspricht.

»Die redet sich doch raus«, schoss es mir durch den Kopf, »die hat mich gleich so komisch angeguckt, als ich ihren Hördur mit dem Striegel ...«

Wir verstanden die Pferdewelt nicht mehr. Wir zweifelten am Verstand der Spezies der Pferdeverkäufer. Mit einem Satz: Wir waren sprachlos. Aber nicht für lange! Während ich noch im Jammertal hockte und Ursachenforschung betrieb, erwachte plötzlich die Kämpfernatur in meiner Frau. Das schien wohl auch Frau Behrends am anderen Ende der Telefonleitung zu spüren. Sie schien etwas zu ahnen von dem unumstößlichen Willen meiner Frau, dieses Pferd zu besitzen. Ob ihr das Angst machte, ob sie Einsicht zeigte, ob sie nicht verantwortlich sein wollte, wenn sich meine Frau etwas antat oder ob sie einfach nur Mitleid hatte, wer wollte das sagen. Tatsache jedenfalls war, dass Hördur nach diesem bewegenden, etwas feuchten, aber ganz bestimmt emotionsgeladenen Telefongespräch uns gehörte. Wir waren stolze Besitzer eines Isländers. Endlich! Und die ganze Familie freute sich darüber: Mama, Papa, Tochter... Nur der kleine Sohn, dessen seltsame Neigungen uns ja schon öfter etwas irritiert hatten, der scherte mal wieder aus der kollektiven Glückseligkeit aus. Ihm war ein Trecker immer noch das liebste Lebewesen. Pferde waren in seinen Augen einfach nur lästig. Basta!

Heisse Eisen – blauer Zeh

Endlich war die Pferdefamilie komplett. Zu den beiden Isis der Familie Schrepp gesellte sich von nun an unser Hördur.

Das war uns ein Gelage direkt vor Ort auf der Weide wert. Alle, die unserer »Weidegemeinschaft« in der Aufbauphase zur Seite gestanden hatten, ob tatkräftig oder mit weisen Ratschlägen, waren eingeladen, unser kleines Paradies mit uns gebührend einzuweihen. Frau Schrepp entpuppte sich bei dieser Gelegenheit als begnadetes Talent in der Zubereitung tellerfertiger Gulaschsuppen über offenem Feuer, während ihr Gatte und ich die Versorgung der Truppe mit allerlei Getränken, hauptsächlich alkoholischer Natur, in die Hände genommen hatten.

Folgerichtig verlief der Abend unter sternklarem Himmel sehr stimmungsvoll, wir empfanden ein wohliges Gefühl inmitten unserer Freunde und Pferde und wussten: Jetzt gehören wir dazu; wir sind aufgenommen in die große Reiterfamilie, Abteilung Islandpferde.

Freude- und auch sonst ziemlich trunken fand ich (und nicht nur ich) irgendwann in der Nacht gerade noch den Weg zu den Zelten am nahe gelegenen Bachufer, um schon viel zu wenige Stunden später dem nebelgrauen Morgen ins fiese Gesicht zu blicken. Nichts war geblieben von der Glückseligkeit des vergangenen Abends. Nur ein schwach vor sich hin glimmendes Lagerfeuer und ein paar halb leere Biergläser erinnerten an Vergangenes. Und dann waren da die drei müde grasenden Isis, die mich an noch etwas ganz anderes erinnerten:

»Hördur muss zum Hufschmied!«

Wer hatte es bloß geschafft, so einen idiotischen Termin zu machen? Ich war das jedenfalls nicht gewesen! Aber ich war es, der diesen Termin wahrnehmen musste! Und es war schon verdammt spät, und ich wusste doch gar nicht, wie man mit so einem Pferd überhaupt umgeht! Bis jetzt war alles nur Spiel gewesen, alles nur eine lächerliche Übung. Immer war jemand dabei gewesen, hinter dem man sich hatte verkriechen können. Aber hier und jetzt an diesem verfluchten Morgen, das war der Ernstfall, und ich war ganz allein auf der Welt, abgesehen von diesem Tier namens »Hördur«, zu dessen Kauf ich mich in einem Anfall von geistiger Umnachtung hatte überreden lassen. Dabei wollte ich doch immer Schriftsteller werden, aber nie Pferdebesitzer!!!

Warum nur war meine Frau nicht da? Oder meine Tochter? Jetzt brauchte ich einmal ihren Beistand und sie lagen zuhause in ihren Betten und schlummerten. Ja, ich wusste, ich hatte die Nacht auf der Luftmatratze freiwillig gewählt und meine Frauen, eingefleischte Campinggegner, gen Heimat ins weiche Bettchen ziehen lassen. Ja, ich erinnerte mich schwach, dass ich großspurig erklärt hatte, ich käme auch allein mit Hördur zurecht. Aber war das ein Grund, mich tatsächlich hier draußen in dieser Einöde mit nichts als drei Pferden und ein paar schnarchenden Trunkenbolden allein zu lassen?

Nach meinem Bad in Selbstmitleid (als Ersatz für die Morgentoilette) zeigte ich, bewaffnet mit Halfter und Führstrick, dem Schicksal die Zähne. Das Schicksal ließ sich dadurch nicht beeindrucken, sondern graste weiter friedlich vor sich hin und tat so, als gäbe es mich nicht. Erst, als sich das Halfter, von zitternder Hand geführt, seinem Kopf näherte, machte es eine kurze seitliche Ausweichbewegung und galoppierte einige Meter über die Weide, um sich gleich darauf in sicherer Entfernung wieder seinem Frühstück zu widmen.

Als mir der Kopf zu platzen drohte und mir der Schweiß

in wahren Sturzbächen von der Stirn rann, hatte Hördur ein Einsehen. Willig ließ er sich das Halfter über den Kopf streifen, auch wenn ich das Gefühl hatte, hinter seinen listig funkelnden Augen ersann er eine neue Gemeinheit. Aber nichts geschah. Geduldig trottete er am Führstrick hinter mir her über die Weide und er wurde erst wieder etwas zappelig, als wir schon ein gutes Stück des Weges gegangen waren, der uns zum Dorf führte, in dem der fahrende Schmied auf dem Bauernhof der Familie Kühn auf uns wartete. Jedenfalls dachte ich, dass er wartete. Stattdessen bekam ich eine Lektion in »Pünktlichkeit von Hufschmieden«.

Eine geschlagene Stunde verharrte ich neben Hördur, der, angebunden an einem rostigen Haken an der Scheunenwand, zunehmend unruhiger wurde. Doch bevor mein Hördur sich zu guter Letzt noch als Entfesselungskünstler profilieren konnte, trudelte Hufschmied Rolf mit seinem klapprigen Ford-Transit ein und zog die ganze Aufmerksamkeit des Pferdes auf sich. Wahrscheinlich hatte Hördur einen derartigen Hufschmied noch nie erlebt. Neugierig folgten seine Blicke dem gemütlich summenden, kugeligen Etwas, das da seine schweren Werkzeuge aus dem Fahrzeug wuchtete, um seine Beine scharwenzelte und schließlich begann, ihm die Zehen mit Messer und Raspel zu maniküren. Danach wandte Schmied Rolf sich seinem Transit zu, versenkte seinen Oberkörper in das Fahrzeuginnere und förderte nach einigen Augenblicken intensiven Suchens vier Hufeisen, Hördurs neue Schuhe, zu Tage. Während er die Eisen in seiner kleinen Mikrowelle auf Temperatur brachte, informierte er mich ganz nebenbei und mit treuherzigem Blick darüber, dass sein Aufhalter das Handtuch geschmissen hatte und er meine Hilfe brauchte.

»Gut und schön«, dachte ich, »aber erstens, was ist ein Aufhalter und zweitens, was habe ich damit zu tun?«

Etwas bedeppert stand ich da, klammerte mich an Hördurs Führstrick und betrachtete Schmiedens Hinterteil, das er mir zugewandt hatte, während er, mit der Zange eins der glühenden Eisen in der Hand haltend, durch seine Beine nach hinten blickte, in Erwartung meiner Hilfeleistung.

»Na los, ich kann nicht ewig warten«, grummelte Schmied Rolf.

»Was soll ich denn machen?« fragte ich unsicher.

»Mann, aufhalten«, schnaubte Rolf, »reich mir einfach das Bein deines Pferdes 'rüber, klar?«

Klar! Einfach Pferdebein 'rüberreichen. Nichts leichter als das! Vorsichtig tastete ich nach Hördurs Vorderbein. Es zuckte und ich zuckte auch – zurück. Zweiter Versuch – das Eisen in Schmiedens Hand begann zu erkalten – ich griff beherzt zu und zog an Hördurs Bein. Es war wie festbetoniert. Er wollte partout nicht auf drei Beinen stehen (hätte ich auch nicht gewollt...).

»Komm, Hördur, sei ein braves Pferd«, säuselte ich. Aber Hördur wollte kein braves Pferd sein.

Schmied Rolf riss der Geduldsfaden:

»Komm, ich mach das selber. Geh mal zur Seite.«

Ich wich zurück. Gedemütigt, erniedrigt. Ich hatte versagt. Nichtskönner, Amateur würden sie mich nennen. Auslachen, verspotten würden sie mich. Ich war geschlagen. Am Ende! Am liebsten wäre ich weggelaufen. Aber ich durfte nicht weg. Musste aushalten und die Schmach ertragen.

Bibbernd und betend stand ich neben meinem Pferd, wusste nicht so recht, wohin ich mit meinen Händen sollte, stammelte beruhigend auf Hördur ein, was absolut nicht nötig war, und hoffte, dass dieser Kelch möglichst bald an mir vorüber gegangen war. Als dann der stinkende Qualm verbrannten Horns in meine Nase stieg, wurde mir leicht übel, ganz im Gegensatz zu meinem Hördur, der, wie es schien, diese beißende weiße Wolke als wahren Wohlgeruch aufnahm.

Schmied Rolf meinte es gut mit mir. Als es ans Nageln ging, gab er mir eine zweite Chance:

»Los, halt noch mal. Hast ja jetzt gesehen, wie ich sein Bein nehme.«

Hätte ich bloß genauer hingesehen! Aber ich wollte es dieses Mal nicht vermasseln. Todesmutig griff ich zu, lupfte Hördurs Bein in die Höhe, es rutschte mir aus den Händen und landete mit voller Wucht auf meinem segeltuchbeschuhten rechten Fuß.

»Aua, Scheiße!« hätte ich am liebsten gebrüllt. Aber so geistesgegenwärtig war ich dann doch, dass ich nichts weiter herausließ als meine Augen, die vor Schmerz sicher einen halben Meter von meinem Kopf abstanden. Den Klageruf jedenfalls schluckte ich herunter, und als Rolf, der irgendetwas, aber nicht alles mitbekommen hatte, fragte: »Is' was?«, antwortete ich nur mit einem verkniffenen »Nö...« Noch einmal wollte ich nicht versagen. Ich würde durchhalten bis zum bitteren Ende.

Das kam dann auch, irgendwann, viele, viele Stunden später. Rolf gab ein befreiendes: »So, fertig!« von sich und der Alptraum war vorbei. Ich lebte noch. Ich hatte es überstanden! Und zum Abschied sagte Rolf nicht etwa: »Such' dir das nächste Mal einen anderen Schmied, du laienhafter Trottel!« sondern: »Wenn etwas mit dem Beschlag sein sollte, ruf mich an. Ich komme dann sofort vorbei.«

Ich nickte mit leicht verklemmtem Lächeln und sah ihm nach, als er mit stinkender Dieselfahne den Hof verließ. Auch ich machte mich, so schnell es als Halbinvalide eben ging, auf die Socken. Die Zähne fest zusammengebissen, schritt ich, meinen Hördur im Schlepptau, vom Kühn'schen Hof. Musste ja niemand merken, dass etwas mit mir nicht stimmte.

Als wir die letzten Häuser des Dorfes hinter uns gelassen hatten, vor uns nur noch Feld, Wald und Wiesen lagen und ich mir vor Schmerzen bereits die Lippen durchgekaut hatte, gab ich den aufrechten Gang auf. Noch wenige Meter schleppte ich mich vorwärts, dann blieb ich stehen. Ich beugte mich nach unten, zog das Leinentuch-Schuhwerk von meinem lädierten Fuß und bestaunte, zusammen mit Hördur, den süßen Ballon, der sich neben den vier kleineren Zehen aufgebläht hatte und ursprünglich auch ein Zeh gewesen war. In allen möglichen Blautönen schimmerte der Ballon in der Sonne. Schön anzusehen war er, doch mir versetzte er einen heftigen Schreck. Und dann tat ich, was ich schon die ganze Zeit hatte tun wollen: Ich brüllte meinen Schmerz hinaus, dass es von den weit entfernten Kalkfelsen widerhallte.

Hördur hingegen, der Verursacher allen Übels, zeigte keine Reue, sondern stand nur da und grinste frech...

Profis, Laien, Freizeitreiter

Wir waren so was von froh! Überall um uns lauerten fachkundige Menschen, die nichts anderes im Sinn hatten, als uns zu helfen.

Und, ehrlich gesagt, Hilfe hatten wir bitter nötig! Denn bald wusste jede Menschenseele, der wir je begegnet waren (und auch diejenigen, denen wir nicht begegnet waren), dass wir ein bisschen »balla-balla« sein mussten.

Wo hatte es denn das jemals zuvor gegeben, dass sich Menschen, die noch nie in ihrem Leben vernünftigen Reitunterricht genossen hatten, einen Isländer zulegen, mit der Absicht, den auch noch zu reiten? Einfach so! Ohne jedes Know-how!

Solchen Wahnsinnigen musste man einfach helfen! Nicht unbedingt aus Barmherzigkeit, nein! Eher aus dem Bedürfnis heraus, Schaden von der übrigen Menschheit abzuwenden. Man stelle sich doch nur mal vor, diese Typen brettern mit ihrem wild gewordenen Isi alles über den Haufen, was sich ihnen in den Weg stellt. Und das nur, weil sie es nie gelernt haben, dass so ein Tier anders zum Halten gebracht wird als ein Auto. Ein Isi, der über vier Gänge verfügt, hat deshalb nämlich nicht automatisch eine Bremse! Aber das mussten Laien wie wir erst einmal kapieren!

Doch wir brauchten uns keine Sorgen zu machen. In der Obhut unserer Freunde waren wir sehr gut aufgehoben. Da waren zunächst mal die Schrepps, unsere Weidepartner. Sie waren das Beste, was uns passieren konnte, denn sie waren Profis. Das hatten wir bisher zwar noch nicht so richtig gemerkt, aber so ist das eben mit echten Profis: Die trommeln und prahlen nicht mit ihrem Können, sondern setzen es dann ein, wenn es gefordert ist. Und jetzt, da wir unseren Hördur auf unserer Gemeinschaftsweide hatten und etwas hilflos aus der Wäsche blickten, offenbarten sie sich:

Seit Jahren schon sei sie im Umgang mit nordischen Kleinpferden geschult, teilte uns Frau Schrepp eher beiläufig mit, als wir wieder einmal vor unserem Hördur standen, ihm in seine treuherzigen Augen blickten und vor lauter Fragen nicht mehr ein noch aus wussten.

Wir waren erschüttert ob dieser Offenbarung, was Frau Schrepp dazu bewog, noch ein paar Kohlen nachzulegen und uns zu erklären, dass es sich bei den nordischen Kleinpferden um zwei Shetland-Ponys gehandelt habe, die sie als kleines Kind betreuen musste. Sie vermied es wohlweislich, die Ponys als ihre damaligen Spielkameraden zu titulieren. Nein, sie musste betreuen! Das war weit mehr als nur spielen. Und diesen reichhaltigen Erfahrungsschatz, in frühester Jugend gesammelt, könne man ja wohl ohne Abstriche auch auf Islandpferde anwenden.

Was also lag näher, als unsere Sorge ob der riesigen Weidefläche zum Beispiel, die sich Hördur und seinen beiden Kumpanen bot, mit einer abfälligen Handbewegung aus der Welt zu wischen.

»Alles Quatsch«, belehrte uns Frau Schrepp, »dieses ganze Portionieren bringt doch nichts. Wenn die keinen Hunger mehr haben, hören die ganz allein auf zu fressen. Das sagt denen schon ihr Instinkt. Meine Shetties jedenfalls waren Tag und Nacht auf der Weide.«

Fürs erste waren meine Frau und ich etwas beruhigt, aber im Inneren nagten die Zweifel weiter. Konnte es sein, dass all' diese Leute, deren Fachbücher wir gelesen hatten, hoffnungslose Laien waren, die sich, bevor sie ihr Buch schrieben, lieber Rat bei Frau Schrepp hätten holen sollen? Und was war mit

Hördur? Was war mit seinem Instinkt? Hatte er etwa keinen? Er dachte jedenfalls gar nicht daran, satt zu sein, sondern fraß und fraß und fraß... Zugegeben, seine beiden Kumpels hörten da schon etwas mehr auf ihre innere Stimme und hoben hin und wieder den Kopf, während Hördurs Nase weiter im fetten Gras wühlte.

Auch Elke, unsere Freundin von der Fraktion der Großpferdereiter und Unterrichtende im kreisstädtischen Reitverein, hatte uns ihre Hilfe aufgenötigt. Wusste sie doch, wie wenig wir reiten konnten und wusste sie auch, wie viel sie reiten konnte. Sie konnte sogar so viel reiten, dass sie von diesem Überfluss an Können gern etwas an uns abgab. Das heißt, zunächst einmal musste Hördur gebändigt werden, denn der hatte ihrer Meinung nach nicht allzu viel drauf.

»Ihr wollt ja schließlich ein Pferd haben, was mit euch nicht macht, was es will, sondern pariert, oder?«

Klar! Wollten wir.

»Dann werde ich ihn mal ein bisschen rannehmen.«

Elke wirkte überaus entschlossen. Das hätte uns eigentlich beunruhigen müssen. Aber wir wollten ja unbedingt ein Pferd haben, das pariert. Hätten wir geahnt, dass »parieren« in Elkes Augen bedeutete, ein Pferd muss seinen Willen aufgeben, wahrscheinlich hätten wir sie sofort ihres Postens als Zureiterin enthoben.

So aber durfte Elke unseren Hördur rannehmen. Gestiefelt und tatsächlich auch gespornt trat sie ihren Dienst an und machte sich über Hördur her mit der gleichen Vehemenz, die auch ihre »Großen« zu spüren bekamen. Aber ein Isi, und besonders unser Hördur, war eben kein »Großer«. Und anstatt zu tölten (was Elke nicht konnte und offensichtlich auch nicht können wollte) gebärdete sich Hördur immer unwilliger und er ließ es auf einen echten Machtkampf mit Elke ankommen. Die alles entscheidende Schlacht fochten die zwei an einer

Pfütze aus, die Hördur ums Verrecken nicht durchqueren wollte. Hördur hasste Pfützen wie die Pest und Elke hasste Pferde, die nicht durch Pfützen gingen.

Schließlich tat Hördur das, was ein Reiter noch mehr hasst, als nicht durch Pfützen gehende Pferde: Er stieg. Immerhin war Elke gewandt genug, um diese Situation auszubügeln, aber von diesem Augenblick an war auch die restliche Liebe zu Hördur, sofern denn überhaupt jemals Liebe da gewesen war, in ihr verloschen.

Meine Frau und ich spürten, dass etwas geschehen musste, sollten weitere Umerziehungsversuche nicht in einer Katastrophe enden. Es gab nur zwei Möglichkeiten. Entweder Hördur ging oder Elke. Wir entschieden uns für Hördur und gegen Elke! Im Nachhinein betrachtet war das ein weiser Entschluss, auch wenn Hördur ab sofort als »gemeingefährlich« eingestuft wurde und uns von einer verbitterten Elke ein baldiges und schlimmes Ende unserer noch nicht einmal richtig begonnenen Reiterkarriere prophezeit wurde.

Doch bevor uns dieses schlimme Ende ereilte, machte noch jemand Anstalten, uns zu helfen. Ein Mann, den wir bis dahin gar nicht kannten, wurde uns wärmstens von einer Bekannten empfohlen als der absolute Islandpferdekenner weit und breit – jedenfalls gab es ihrer Meinung nach im Umkreis von dreißig Kilometern keinen besseren. Er sei nicht nur ein Kenner der Szene und ebenso in der Szene bekannt, er sei auch ein hervorragender Islandpferdereiter, auf dessen Urteil man sich verlassen könne. Wenn der sich unseren Hördur mal anschauen und ihn vielleicht auch reiten würde, so unsere Bekannte, dann könne er sofort sagen, was mit dem Pferd los sei und uns auch die entsprechenden Ratschläge erteilen. Sie bot sich sogar an, ihn um Hilfe zu bitten.

Wir waren unserer Bekannten echt dankbar, denn wir, die armen, ahnungslosen Laien, hätten es doch nie gewagt, so einen Superstar überhaupt anzusprechen, geschweige denn um etwas zu bitten! Was waren wir überrascht, als wir hörten, dass dieser Held der Islandpferde-Szene zugesagt hatte und uns an einem der kommenden Sonntage eine Demonstration seines Könnens geben wollte.

Eigentlich war er ja ganz nett, dieser Mann, dessen Namen ich dummerweise vergessen habe. Er gebärdete sich durchaus natürlich und schien ernsthaft bereit, uns an seinem Wissen und seiner Erfahrung teilhaben zu lassen, auch wenn er das auf etwas griesgrämige und sehr wortkarge Art tat. Immerhin hatte er eine Reithose an und einen Helm dabei – ein sicherheitsbewusster Mensch also und kein Aufschneider. Er wurde uns ein wenig sympathisch. Und das blieb er auch, bis er sich auf Hördur gesetzt und eine kleine Runde über die Feldwege gedreht hatte.

Als er wieder zu uns zurückkehrte und in unsere hoffnungsfrohen Augen blickte, schien uns sein Gesicht noch ernster, als es ohnehin schon war.

»Das Beste ist, wenn Sie ihn so schnell wie möglich verkaufen«, sagte er mit Grabesstimme, »das Pferd ist lebensgefährlich!«

»Wieso?«

Er schien zu merken, wie die Farbe aus unseren Gesichtern wich und unsere Augen Entsetzen signalisierten. Das ließ ihn etwas versöhnlicher hinzufügen:

»Na ja, wenn er eine gute Ausbildung bekommt – so ein bis zwei Monate, dann kann man ihm seine Macken vielleicht abgewöhnen. Er ist ja sonst ganz in Ordnung. Nur überhaupt nicht gehorsam. Reagiert auf nichts. Also Ihnen würde ich nicht empfehlen, ihn in dem Zustand zu reiten.«

Weil wir immer noch nicht wieder gut bei Stimme waren, fügte er noch hinzu:

»Ich kenne da eine gute Adresse. Da können Sie Ihren

Hördur hinbringen. Und dann sollten Sie auch gleich einen Reitkurs belegen. Das würde ich Ihnen auf jeden Fall empfehlen. Und wenn Sie auf diesen Hof gehen, da lernen Sie wirklich was!«

Warum erinnerte mich dieser Mann plötzlich an einen Versicherungsvertreter? Ich bekam diesen pelzigen Geschmack auf der Zunge, den ich immer dann bekomme, wenn mir etwas überhaupt nicht schmeckt.

Lebensgefahr, Beritt, Reitkurs! Aus dieser Perspektive hatte ich das Abenteuer »Islandpferd« noch gar nicht betrachtet. Und, ehrlich gesagt, ich wollte es auch gar nicht. Es musste doch anders gehen!

Zum Glück fiel Hördur tags darauf ein Eisen ab und Schmied Rolf musste 'ran.

»Ist Hördur lebensgefährlich?« fragte ich ihn.

Er musterte mich einen Augenblick, hatte, wie es schien, das Gefühl, ich wolle ihn verscheißern, meinte aber, als er sich des Ernstes meiner Frage bewusst war:

»So ein Blödsinn! Ich habe schon mit einigen Pferden zu tun gehabt. Wer immer dir das gesagt hat, der tickt nicht richtig.«

Mehr wollte ich nicht wissen! Diese Antwort war für mich das Signal, endlich mutig, zuversichtlich und blauäugig meinen Hördur zu besteigen und Reiten zu lernen – frei nach dem Motto:

»Ich lern's am besten, wenn ich's tue.«

Auf dem Hohl(z)weg

Wir nahmen unser reiterliches Schicksal in die eigenen Hände. Wozu brauchten wir Unterricht? Hördur war nicht gemeingefährlich und wir waren nicht doof! Außerdem wollten wir keine Profis werden, sondern Spaß haben.

Dieses bisschen reiterliche Grundausbildung, das uns fehlte, wollten wir uns unten im Dorf holen. Da gab es eine Pferdezüchterin, die uns ihr sogenanntes Dressurviereck gern zur Verfügung stellte und auch hier und da mit ein paar Ratschlägen aushelfen wollte. Das musste für den Anfang reichen!

So trottete denn fast jeden Tag (es war Sommer und wir hatten Urlaub) eine kleine Karawane von unserer Weide hinab ins Dorf. Das sah ungefähr folgendermaßen aus: Vorneweg das Ehepaar Schrepp, reitend auf seinen beiden Isis, die Zigaretten lässig im Mundwinkel baumelnd. Sie konnten sich das leisten, denn sie hatten erstens die große Ahnung vom Reiten und zweitens nicht so viel Schiss wie wir. Richtig cool sahen sie aus, wie sie so relaxed ins Dorf hineinzogen.

Dahinter kamen mit einigen Metern Abstand meine Frau und ich. Meine Frau mit dem Fahrrad vorneweg, dann Hördur und ich zusammen Seite an Seite, nur verbunden durch dieses Etwas, genannt »Führstrick«, das ich krampfhaft festhielt. Ab und zu saß meine Tochter auf Hördur und ließ sich durch die Sonne schaukeln.

In dieser schmerzhaften Lehrzeit sammelte ich breitgetretene Zehen wie andere Leute Briefmarken. Es war ein unheimlich schwieriges Unterfangen, meine Schritte mit denen von Hördur zu koordinieren. Ich weiß bis heute nicht, wie mein Fuß ständig unter seinen Huf geraten konnte. Irgendwann gewöhnte ich mich aber an den Schmerz, und das schillernde Blau meiner Zehen stand mir eigentlich auch recht gut. Also beschloss ich, Hördurs Attacken auf meine Füße keine Beachtung mehr zu schenken. Genau in diesem Augenblick schwand auch sein Interesse, mir weh zu tun.

Meine Frau wurde von Tag zu Tag mutiger und schon bald folgten ihre ersten Ausritte in das umliegende Hügelland, gemeinsam mit Frau Schrepp. Ich ließ ihr gern den Vortritt, denn ich war überhaupt nicht mutig und mein Hasenherz pochte ganz gewaltig, wenn ich an meinen ersten Ausritt dachte, der mir noch bevorstand. Natürlich mochte ich das nicht zugeben und irgendwann gingen mir schließlich die Ausreden aus. Keine Stunde später fand ich mich, genötigt durch die holde Weiblichkeit in meinem unmittelbaren Umfeld, auf Hördurs Rücken wieder. Zaghaft und äußerst ungeschickt versuchte ich, die Bestie zwischen meinen Beinen zu dirigieren. Hördur, der lebensgefährliche Durchgänger, spürte genau, wer da auf seinem Rücken herumturnte und… nee, er tat eben nicht das, was so ein Pferderambo dann üblicherweise tut! Ganz sanft schaukelte er mich stattdessen bergauf, bergab, nahm es mir nicht übel, dass ich die Zügel als Haltegurte benutzte, sondern trottete seinen Weg und brachte mich wohlbehalten zur Weide zurück.

Ich war allein ausgeritten! Ich war ein Held! Was hatte ich nicht alles zu erzählen über meinen Ritt durch die unwirtliche Wildnis, fast einen Kilometer von der Weide entfernt und ganz auf mich allein gestellt. Gut eine Viertelstunde hatte meine Runde gedauert, eine Ewigkeit, in der sich jedes Ohrzucken, jedes Schnauben und Schweifschlagen meines Pferdes tief in meine Seele eingegraben hatte und jetzt eine ausführliche Würdigung verdiente. Ich hatte mein Leben riskiert! Ich war geritten! Aber es sollte nicht mein letzter Ritt gewesen sein!

Die Ausritte wurden länger, die Reiter – mich einmal ausgenommen – wurden mutiger und die Geschichten wurden schauriger. Nun waren wir ja insgesamt sechs reitende Menschen (drei Schrepps, meine Frau, meine Tochter und ich) in unserer Weidegemeinschaft, hatten aber nur drei Isis zur Verfügung. So ergab es sich, dass immer eine Gruppe von maximal drei Personen ausritt. Diese setzte sich in der Regel aus ein bis zwei Schrepp-Frauen (Mutter oder Mutter und Tochter) und meiner Frau zusammen. Ich lungerte derweil auf der Weide herum oder blieb gleich zuhause. Doch ganz egal, was ich auch tat, den Horrorberichten der Frauen nach überstandenem Ausritt entkam ich nicht. Ob es Machtkämpfe mit dem widerspenstigen Pferd waren, ob wilde Galoppaden oder unkontrolliertes Durchgehen, immer waren die Frauen mit letzter Not einem Desaster entronnen. Sie erzählten es mir mit glühenden Wangen und leuchtenden Augen. Ich empfand diese Nachrichten stets als Balsam für meine zarte Seele und freute mich schon auf meinen nächsten Ausritt. Konnte ich doch gewiss sein, dass ich einen Feuerstuhl besteigen würde.

Aber je öfter ich Hördur ritt und je mehr ich merkte, wie wenig Hördur dazu neigte, den Schauergeschichten Rechnung zu tragen, desto mutiger wurde auch ich. Und dann passierte eines Tages diese Geschichte, die mich mit Hördur an den Rand des Abgrundes führte...

Es war ein Tag wie jeder andere der Tage, die ich bisher zu einem Ausritt zusammen mit Herrn Schrepp genutzt hatte. Wie immer war unser Ziel die Jagdhütte oben im Wald. Wie immer ritten wir eine Weile den geteerten Feldweg entlang, bis zu der Gabelung, die uns links wie auch rechts zum Fuße des ziemlich steilen Anstiegs führte, der, gesäumt von mächtigen Buchen und Fichten, auf einer Hochebene endete. Von dort ging unser Ausritt weiter über gut ausgebaute Waldwege mit weit ausladenden Kurven und sanften Wellen, bis wir schließlich unser Ziel, das Jagdhaus, erreicht hatten und nach einer kurzen Pause den zweiten Teil unseres Rundkurses bestritten.

An jener Gabelung unten im Tal hatten wir uns bisher immer für den linken Ast der Gabel entschieden. Das lag daran, dass wir als Anfänger lieber den steileren, linken Anstieg hinaufgaloppierten, um auf der Hochebene dann Pferde zwischen den Beinen zu haben, die keine Lust mehr verspürten, mit uns durchzubrennen oder ähnliche Zicken zu machen. Auf dem Rückweg schließlich nahmen wir den Abstieg über die rechte, mit sanftem Gefälle nach unten führende Astgabel.

Soweit also die Theorie und bisher auch gängige Praxis bei unseren Ausritten. Nur an diesem unglückseligen Tag mussten wir es genau anders herum machen. Wer von uns beiden die Idee hatte, Herr Schrepp oder ich, was uns auch immer dazu bewog, wen interessiert das im Nachhinein schon? Tatsache ist und bleibt, dass wir einen wunderbaren Ausritt hatten, den sanften Anstieg über den rechten Ast der Gabelung inklusive, bis zu jenem Augenblick, als der Abstieg zurück ins Tal begann. Und zwar über den steilen linken Ast der Gabel!

Dieser Ast war nichts anderes als ein tief ausgefahrener Hohlweg, der sich hakenschlagend am steilen Abhang hinauf oder, aus unserer Warte gesehen, hinabschlängelte. Bedrohlich starrte mir diese furchige, mit Steinen übersäte Röhre entgegen, wirkte auf mich wie der Eingang zur Hölle und ich fragte mich, wieso mir das von unten, aus der entgegengesetzten Richtung gesehen, noch nie aufgefallen war. Ich hätte absteigen und mein Pferd führen sollen. Stattdessen hockte ich wie angeschraubt auf Hördur, den Rücken gekrümmt, die Beine krampfhaft hochgezogen, so dass die Knie beinahe meine Kinnspitze berührten und mit den Händen umklammerte ich die Zügel, als wären es Eisenstangen. Nein, an Absteigen war in diesem Zustand gar nicht zu denken, zumal Herr Schrepp auf seinem Isi bereits munter den Weg hinunterstolperte und ich nicht anders konnte, als ihm zu folgen. Das heißt, Hördur konnte oder wollte nicht anders. Er marschierte einfach los und ich musste mit.

»Laaangsam, gaaaanz laaaangsam«, murmelte ich beschwörend und zog Hördur mittels Zügel und Trense die Maulwinkel bis an die Ohren.

Mit jedem Schritt von Hördur trocknete meine Kehle mehr aus und mein »laaangsam« verkam zu einem brüchigen Krächzen. Derweil mühte sich mein Pferd, den starren Fesseln in seinem Maul auszuweichen und dabei noch das Gleichgewicht zu halten – bei einer Fracht wie mir gar nicht so einfach.

Dann nahte die erste und schärfste Kurve im Hohlweg. Herr Schrepp hatte sie bereits genommen, vor mir lag sie noch. Zu meiner Rechten fraß sich die Kurve mit ihrem inneren Radius in den Steilhang hinein. Die linke, äußere Kurve jedoch war von einer gut zwei Meter hohen Böschung begrenzt, hinter der sich durch das Blattwerk der mächtigen Buchen der Himmel abzeichnete. Und auf diese Böschung steuerte Hördur zu. Entsetzt musste ich feststellen, dass Hördur ausgerechnet jetzt seinen Rhythmus verlor und seine Schritte immer schneller wurden.

Wilde Gedanken rasten mir durch den Kopf, schneller als jeder Formel-1-Rennwagen und schneller als jeder Bob im Eiskanal. Und eben dieser Gedanke an einen Bob gab mir die Hoffnung, dass sich auch mein Hördur so verhalten würde wie das Gefährt auf Kufen, wenn es durch eine Steilkurve rast. Immerhin hatte ich in diesem Augenblick noch so viele meiner sieben Sinne zusammen, dass ich mich leicht nach rechts legte (es war eine Rechtskurve) und verstärkt am rechten Zügel zerrte.

Hördur jedoch kannte sich mit Bobbahnen und Steilkurven überhaupt nicht aus. Er hatte schlicht und einfach keine

Ahnung, wie eine solche Kurve zu bewältigen war. Also gab er trotz meiner sehr eindeutigen Zügelhilfen noch einmal richtig Gas, orientierte sich stur geradeaus und hatte mit ein, zwei mächtigen Sätzen das Hindernis »Böschung« überwunden.

Ich blickte ins Nichts! Steil fiel der buchenbestandene Berghang vor mir in endlose Tiefen ab. Schmal war der Böschungsgrat, auf dem Hördur einige Atemzüge lang verharrte. Keine Gelegenheit, irgendwelche Wendemanöver zu starten. Dann setzte sich Hördur auch schon wieder in Bewegung, und zwar in die Richtung, die unweigerlich ins Verderben führte. In meinem Kopf herrschte Leere. Ich war nicht fähig, einen klaren Gedanken zu fassen. Dazu blieb auch überhaupt keine Zeit. Allein der Instinkt beherrschte mein Tun in den folgenden, dramatischen Sekundenbruchteilen: Hördur machte zwei Schritte vorwärts, kam durch das Gewicht auf seinem Rücken ins Rutschen. Ich nahm im Augenwinkel zu meiner Linken eine junge Fichte wahr (wie kam da plötzlich eine Fichte hin?), ließ die Zügel los und griff nach ihr. In panischer Leidenschaft umklammerte ich den Stamm des Baumes und drückte mich heftig an seine borkige Rinde. Sollte Hördur doch in sein Verderben rennen. Ich wollte leben!

Doch Hördur rannte nicht. Hatte ich einen Herzschlag lang noch das Gefühl, Hördur würde mir zwischen den Beinen wegrutschen, während ich an meiner Fichte hing, so schien er sich im gleichen Augenblick zu stabilisieren. Jedenfalls gab er seine Selbstmordabsichten auf und änderte die Richtung. Plötzlich stand er quer zum Hang, ich spürte ihn wieder voll und fest zwischen meinen Beinen und dann kreiste er in engem Radius mit vorsichtigen Schritten um die Fichte, bis er wieder auf dem schmalen Böschungsgrat stand, allerdings mit Blick in den Hohlweg hinein. Erst jetzt wich die Leere aus meinem Kopf, mein Blick wurde wieder klarer und ich ließ von der Fichte ab. Mit zitternden Händen ergriff ich die Zügel, und

Hördur, souverän und trittsicher, trug mich die Böschung hinunter und zurück in den Hohlweg.

Mein Begleiter, Herr Schrepp, wie so oft an diesem Tag weit voraus, blieb von dem Geschehen in seinem Rücken unberührt. Als ich später die Daheimgebliebenen mit meiner schier unglaublichen Geschichte überraschte, war er daher alles andere als ein brauchbarer Zeuge.

»Ende gut – alles gut«? So etwas gibt es nur im Kino oder im Märchen. Nicht bei mir! Also fügte ich dem Vorfall im Hohlweg als krönenden Abschuss und auf brettebenem Waldweg noch einen gepflegten Sturz an. Hördur, müde, geschwächt und unkonzentriert nach dem gerade überstandenen Abenteuer kam ins Stolpern, knickte mit den Vorderbeinen ein und machte so für mich den Weg frei. Ich nutzte die Gelegenheit und hob zu einem gekonnten Salto mortale ab. Über Hördurs Kopf hinweg führte meine kurze Luftreise und endete im Staub zu Füßen meines Pferdes. Ich nahm's gelassen, erhob mich wie ein Mann, lächelte meinen Schreck und meine Schmerzen weg, ergriff mein Pferd am Zügel und führte es nach Hause.

Es tat gut, wieder einmal ein paar Schritte selbst zu gehen.

Hördurs Weihnachtswunsch

Da sage noch einer, Tiere haben keine Seele! Da behaupte noch einer, Pferde seien dumm! Alles dreiste Unterstellungen! Hördur jedenfalls war weder seelenlos noch hohl im Kopf! Immerhin spürte er viel früher als wir, dass etwas nicht stimmte.

Während der ganzen Weidesaison war uns nicht aufgefallen, dass Hördur Seelenqualen litt. Klar, wir hatten schon gesehen, wie allein sich unser »Schätzchen« oft auf der Weide tummelte, während die Schrepp-Isis ganz »dicke« miteinander taten. Wir hatten auch bemerkt, dass Hördur uns immer voller Sehnsucht auf der Weide erwartete um uns dann, wie ein Schoßhündchen, nicht von der Seite zu weichen. Wir fanden das jedoch richtig niedlich! Das ist wahre Liebe, dachten wir gerührt.

Ach, hätten wir nur früher gemerkt, wie es um ihn stand! Hätten wir nur seine stummen Hilferufe wahrgenommen. Dann wäre nicht alles so Hals über Kopf gekommen, was einfach kommen musste.

Wir verfügten eben nicht über die Fähigkeiten eines gestandenen Pferdeflüsterers, hörten weder Flöhe husten noch Isis weinen. Stattdessen bastelten wir zusammen mit den Schrepps munter am gemeinsamen Winterquartier für unsere drei mittlerweile zu Teddys mutierten Freunde. Und als es dann an der Zeit war, siedelten wir die drei von den Weiten ihrer Weide um in die Enge ihres Winterquartiers. Alles schien gut.

Doch es dauerte nicht mal eine Woche! Da war nicht nur der Himmel über uns bleigrau und die Luft eisgekühlt. Auch zwischen unseren Isis herrschten Gefrierschrank-Temperatu-

Hier wohnen sie – Nonni und Hördur. Während Nonni interessiert den Fotografen beobachtet ...

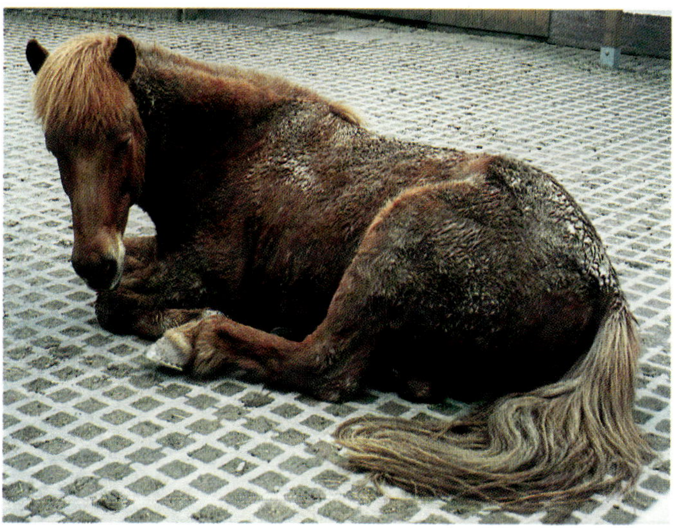

...gibt sich Hördur ganz seinem Schönheitsschlaf hin.

»Na Hördur, wie wär's mit einem kleinen Ausritt?« »Oh nee ... muss das sein? Kannst du mir die Leckerli nicht sofort geben?«

ren. Und das war jetzt sogar für die blindesten Isi-Besitzer unübersehbar.

Hördur war aus der gemeinsamen Tischgemeinschaft ausgeschlossen worden und Frau Schrepp, die an jenem schicksalsträchtigen Tag Futterdienst hatte, musste ihm seine Heurationen abseits der Futterraufe servieren. Wir waren entsetzt, als wir es hörten und sahen. Wir fühlten uns gedemütigt und aufs Tiefste verletzt, denn was man unserem Hördur antat, das tat man uns an! So jedenfalls mussten wir uns nicht behandeln lassen! Von Menschen nicht, und von Isis schon gar nicht! So nicht!!!

Es gab nur eine Lösung. Unsere Wege mussten sich trennen. Nein, wir wollten uns nicht beruhigen! Nein, wir wollten unsere Meinung nicht ändern! Nein...na ja, vielleicht...also gut, eine Nacht drüber schlafen. Aber keine Sekunde länger!

Wir schliefen in dieser Nacht dann aber nicht über die Sache, sondern führten ein Telefonat mit etwa folgendem Inhalt:

»Du, Jens, wenn wir mal in Not wären, könnten wir dann von einem Tag auf den anderen bei dir einen Unterstand für unseren Hördur finden? – Nein, muss nichts Tolles sein. Er ist ja ziemlich genügsam. – Wie? – Ja, ehrlich? – Toll, Jens. Danke!«

Dann schliefen wir doch noch ein Stündchen.

Der nächste Morgen brachte uns aber keine neuen Erkenntnisse. Unsere Gemütsverfassung war ungefähr so stachelig, wie mein Drei-Tage-Bart und ausgerichtet auf Konfrontation.

»Es hat keinen Zweck mehr«, war unsere einhellige Meinung und das Telefonat mit Jens, unserem Kumpel aus vergangenen Tagen, machte uns Mut, auch den letzten Schritt zu wagen.

Also machten wir uns am späten Nachmittag auf, um

unsere Weidegemeinschaft aufzukündigen, indem wir unseren Hördur einfach entführen wollten. Es hatte zu schneien begonnen und ganz leise meldete sich in meinem Hinterkopf eine mahnende Stimme, die mir zuraunte, dass ich nicht ganz bei Trost sein könne, in dieser Jahreszeit mit Hördur von einem relativ sicheren und gemütlichen Plätzchen in eine ungewisse Zukunft umzusiedeln. Aber stur wischte ich den Gedanken vom Tisch und gab mich stattdessen lieber meiner verletzten Eitelkeit hin.

Wie immer stand Hördur abseits seiner beiden ehemaligen Freunde (von denen ich annahm, dass sie nie seine Freunde waren) und wartete auf uns. Schnell hatten wir die nötigsten Utensilien in unserem Auto verstaut. Meine Frau wollte damit zu Jens fahren und ihn schon einmal schonend auf das vorbereiten, was da in knapp zwei Stunden auf ihn zukommen würde. Diese zwei Stunden waren die Zeit, die sie mir zugebilligt hatte, um unseren Hördur durch den dunklen Winterwald zu geleiten, seiner neuen Bleibe entgegen.

Auch wenn ich Hördur kurz darauf, wie schon so oft im zurückliegenden Jahr, Halfter und Führstrick anlegte, so hatte diese anstehende Wanderung doch so gar nichts gemein mit denen, die wir bisher unternommen hatten. Hier handelte es sich eindeutig um Flucht! Ja, wir waren auf der Flucht, und für einen kurzen Moment nahm diese Flucht in meinen ausufernden Gedanken biblische Dimensionen an. Doch hieß weder ich Josef, noch meine Frau Maria. Und Hördur war kein Esel. Dennoch, mit einem Quäntchen dieser melodramatischen Patina, die gewissen Hollywood-Schinken anhaftet, wollte ich auch meine bevorstehende Wanderung überzogen wissen. Ich brauchte das einfach, um unser Abhauen vor mir selbst nicht ganz so banal erscheinen zu lassen.

Meine Frau erwartete mich bereits, als ich von den bewaldeten Höhenzügen, die die letzten Reste Tageslicht verschluckten, ins Tal einzog. Auch Jens stand dort und machte genau das Gesicht, das jemand macht, der sich irgendwie aufs Kreuz gelegt fühlt und auch noch selbst Schuld daran ist. Wie hätte der arme Kerl nach unserem gestrigen Anruf aber auch ahnen können, dass wir beabsichtigten, seine Hilfsbereitschaft schon binnen weniger Stunden auszunutzen.

Jens tat mir gegenüber sehr gefasst, und wie ich meine Frau kannte, hatte sie sicher mit einigen aufmunternden Worten versucht, seine Seelenlage zu stabilisieren. Trotzdem bemerkte ich das nervöse Flackern seiner Augenlider und ein leicht panisches Zucken um seine Mundwinkel offenbarte mir alles, was er krampfhaft zu verbergen versuchte. Er, der gelernte Zimmermann, Nebenberufslandwirt und ausgewiesene Pferdefreund, war eben auch nur ein Mensch und konnte nicht zaubern. Sämtliche seiner Pferdeboxen waren belegt. Also musste sein Reitplatz als erste Notunterkunft für Hördur herhalten.

»Nur diese eine Nacht«, so Jens' Versprechen, »gleich morgen baue ich ihm eine Behelfsbox. Dort kann er bleiben, bis ihr etwas Neues gefunden habt. Aber spätestens im Frühjahr müsst ihr 'raus mit eurem Gaul. Dann brauche ich den Platz wieder!«

Wir verziehen ihm den »Gaul«, wir schluckten auch die Box, obwohl wir wussten, das Hördur schon früher einige beengte Unterkünfte zerlegt hatte. Wir waren einfach nur froh, irgendwo untergekommen zu sein. Und wenn wir Glück hatten, würde Hördur seine neue Behausung heil lassen. Immerhin gab es noch andere Pferde in seiner Nähe. So musste er sich nicht ganz und gar allein fühlen.

Die Tage vergingen, und nach einigen missglückten Ansätzen, seinem Gefängnis zu entrinnen, ergab sich Hördur in sein Schicksal. Jens hatte ihm die Aussicht nach und nach weitgehend vernagelt, so dass er gerade noch den Kopf über die Boxenwände bekam. Das war nicht schön, bewahrte unser

»Schätzchen« jedoch davor, sich in weiteren aussichtslosen Kletterversuchen über die bretternen Hindernisse zu verschleißen. Immerhin, er bekam sein geregeltes Fressen, er hatte seinen täglichen Auslauf auf dem Reitplatz und er hatte uns, die wir ihn aufopferungsvoll versorgten. Dennoch, wir wurden den Verdacht nicht los, dass er sich zurücksehnte nach seinen alten Kumpels. Auch wenn er unter ihnen an den Rand zur Magersucht gedrängt worden war, so schien ihm das immer noch erträglicher gewesen zu sein als das Leben in seinem jetzigen Domizil mit diesem ganzen fremdartigen Pferdevolk, das sich so gar nichts aus dem Boxendasein zu machen schien.

Dann war Heiligabend. Den Vormittag hatten wir damit verbracht, Hördur zu reiten, zu pflegen und ihm einfach nahe zu sein. Der Nachmittag gehörte allerdings den Kindern und dem erweiterten Familienkreis. Da unterschieden wir uns in nichts von anderen Menschen. Aber unser Herz war dennoch nicht ganz bei der Sache. Immer wieder huschten unsere Gedanken zu Hördur hinüber, der kaum einen Kilometer Luftlinie entfernt das traurigste Weihnachtsfest seines Lebens vor sich hatte. Das durfte nicht so sein!

Kurzentschlossen verabschiedete ich mich aus dem trauten Familienkreis (unter den sehr feuchten Blicken meiner Frau, die gern an meiner statt gefahren wäre, sich aber in gewisse häusliche Pflichten verstrickt sah), packte einen kleinen Sack Futtermöhren für Hördur und einige Marzipanmöhren für mich ein und machte mich auf den Weg.

Was war das eine Freude, als Hördur mich anrücken sah. Wahrscheinlich war das erste Mal auf dieser Welt einem Pferd der Weihnachtsmann erschienen. Ich griff in meinen Weihnachtssack und zog für Hördur eine Futtermöhre und für mich eine aus Marzipan heraus.

»Frohe Weihnachten«, murmelte ich und schob ihm wie auch mir je eine Möhre ins Maul.

Wie ich noch so kaute und in den sternenklaren Himmel blickte, hörte ich plötzlich eine Stimme neben mir:

»He, Paule...haste nich 'n Freund für mich?«

Ich fuhr heftig zusammen, drehte mich erschrocken nach allen Seiten um. Aber da war niemand. Nur Hördur stand dort und schaute mich mit traurigen Augen an. Ich gab ihm eine weitere Möhre und machte mir Gedanken darüber, ob in meinem Kopf noch alles richtig tickte. Es konnte doch nicht sein, dass mich ausgerechnet am Heiligen Abend der Geist dieses... dieses Moderators heimsuchte. Ja, genauso hatte die Stimme geklungen: wie die des heiseren Moderators jener Show, in der irgendwie um Geld und Liebe gespielt wurde!

Ich schüttelte ungläubig den Kopf und wandte mich wieder den Sternen zu. Da war sie wieder, die Stimme:

»Paule, bitte...such' mir doch 'n Freund...«

Es war mehr ein Reflex als eine bewusste Bewegung, die mich zu Hördur herumfahren ließ. Das Pferd bewegte tatsächlich seine Lippen! Kein Zweifel, Hördur hatte diese herzbewegenden Worte gesprochen und plötzlich wurde mir alles klar:

Es war Heilige Nacht! Die Nacht, in der die Tiere sprechen konnten. Nie hätte ich geglaubt, dass etwas dran sein könnte an diesem alten Märchen. Bis jetzt, als Hördur mit mir redete.

»Paule«, hatte er gesagt, »Paule!« Ich war gerührt und den Tränen nahe. Er hatte mich mit meinem zweiten Vornamen, Paul, angesprochen. Das hatte bisher noch niemand getan. Und er wünschte sich einen Freund. Ich verstand. Überwältigt streckte ich meine Arme aus, legte sie ihm um den Hals und drückte ihn ganz fest an mich:

»Natürlich, Hördur, du bekommst einen Freund. Schon sehr bald, das verspreche ich dir. Und ein schönes, neues Zuhause sollst du auch haben. Ehrenwort.«

Ich ließ von Hördur ab. Er rieb kurz seine Nase an meiner und dann sah ich, wie er lächelte.

Zufrieden mit mir selbst und erfüllt von dem Erlebnis dieser wundersamen Nacht machte ich mich auf den Heimweg.

Es musste erst Heiligabend werden, ehe ich bereit war, zu sehen, zu hören und zu verstehen, was mein Pferd im Innersten bewegte. Nur eins begriff ich ganz und gar nicht:

Warum, um alles in der Welt, hörte sich Hördur, wenn er sprach, so an, wie dieser Fernsehmoderator, ... dieser ... dieser ... verdammt, wie hieß der doch nur?

Das Versprechen

Versprechen muss man halten! Oder man gibt sie erst gar nicht.

So, oder so ähnlich hatte ich es eingebläut bekommen. Schon in frühester Jugend. Und diese Verhaltensregel hatte sich wie ein Angelhaken in mir festgesetzt. Zwar unternahm ich später immer mal wieder einen Anlauf, den Angelhaken herauszureißen, indem ich hier und da die Einlösung eines Versprechens zu umgehen versuchte, doch es nützte nichts. Ich hätte mir mit dem Haken auch gleich die Seele aus dem Leib reißen können...

Also verlegte ich mich darauf, ehe ich mich zu einem Versprechen hinreißen ließ, meinen ganzen Verstand zusammen zu kramen und das Für und Wider abzuwägen, mit der Maßgabe, dass unter dem Strich immer mehr Für als Wider stand.

Dieses eine Mal jedoch, an jenem Heiligen Abend, war der Zugang zum Zentrum meiner Vernunft blockiert. Hördurs große, traurig dreinblickende Augen hatten, ebenso wie die Worte voller Sehnsucht, gesprochen von einem Pferdemaul, eine Lawine von Glückshormonen in mir losgetreten, die auch den letzten Zugang zu meinem Gehirn verschüttete. Was also tat ich in dieser Notsituation? Ich gab ein Versprechen, über dessen Auswirkungen ich mir ganz und gar nicht im Klaren war. Jedenfalls in dem Augenblick nicht, als ich Hördur antwortete:

»Natürlich, mein Guter, du bekommst einen Kumpel. Das verspreche ich dir!»

Erst Tage später, die festlichen Gefühle hatten sich verflüchtigt und der weihnachtliche Mantel aus Barmherzigkeit war voller Mottenlöcher, dämmerte mir, auf was ich mich in jenem magischen Moment an Hördurs Behelfsbox eingelassen hatte.

Während meine Frau und meine Tochter immer noch in Jubelstimmung bis hin zu euphorischer Trance verweilten, übte ich mich in Selbstzerfleischung.

»Wie kannst du nur so ein Volltrottel sein!« fauchte ich mein Spiegelbild voller Verachtung an. »Wie kannst du nur auf das blöde Gelaber eines Pferdes hereinfallen? Warum musst du auch immer noch an das Märchen von den sprechenden Tieren an Heiligabend glauben? Tiere können nicht sprechen!«

Was änderte diese späte Erkenntnis schon an meiner prekären Situation? Ich hatte Hördur nun mal fragen gehört, ob er einen Kumpel bekäme, war es nun Einbildung oder Wirklichkeit. Ohne jeden Zweifel hatte ich ihm daraufhin ein Versprechen gegeben und das später auch noch meinen Lieben erzählt, frei nach dem Motto: »Tue Gutes und rede darüber!«

Jetzt einen Rückzieher zu machen, daran brauchte ich gar nicht zu denken, denn erstens war der besagte Angelhaken im Laufe meines Lebens fest mit meinem schlechten Gewissen verwachsen, und auch wenn jemand den Haken in einer Notoperation hätte entfernen können, so waren da doch immer noch meine beiden Frauen, die mich wahrscheinlich gevierteilt hätten, wäre ich von meinem Versprechen an Hördur abgerückt.

Also stellten sich mir zwei Fragen: woher? Und wohin?

Woher das Geld nehmen, um für Hördur einen Kumpel zu kaufen? Und wohin mit zwei Isis, wenn man selbst nur über ein Einfamilienhaus nebst kleinem Gemüsegarten, englischem Kurzhaarrasen und Hundezwinger (in der Regel unbewohnt) verfügt?

Gebirge türmten sich vor meinem geistigen Auge auf und ich hätte mir gewünscht, meine nächsten Angehörigen wären mit dem gleichen Problembewusstsein ausgestattet gewesen wie ich. Doch die Gattin und ihre Tochter (manchmal auch meine) praktizierten die Leichtigkeit des Seins und nahmen mich mit meinen Sorgen irgendwie nicht so recht ernst. Während ich den jammernden, wehklagenden Miesmacher gab, waren sie schon längst in blinder Begeisterung damit beschäftigt, einen Kumpel für Hördur zu suchen.

Doch mit dem wachsenden Grad meiner Verstimmung bis an den Rand zur Depression zog auch bei meinen Frauen die Nachdenklichkeit ein und bekam sogar einen Hauch von Panik, als ihnen bewusst wurde, dass der Januar in den Februar hinüberwechselte und dieser wiederum in den März eintauchen würde. Spätestens dann mussten wir eine grobe Ahnung haben, wo wir denn Hördur und seinen zukünftigen Kumpel unterbringen wollten. Dort, in seiner provisorischen Box konnte Hördur nun mal nur bis zum Frühjahr bleiben, das hatten wir so abgemacht. Und von einem zweiten Pferd war damals im November ohnehin nie die Rede gewesen.

Schlaflose Nächte bemächtigten sich unser, Übelkeit und Schüttelfrost bestimmten unsere Tage, unser Gang wurde schleppend und die Haut wächsern. Nur ein Wunder konnte uns noch helfen!

Und dann geschah dieses Wunder tatsächlich. Das heißt, eigentlich passierte gar nichts Weltbewegendes. Es lief einfach nur ab wie in jedem jämmerlichen Fernsehkrimi: Da zermartert sich das Kriminalisten-Duo über neunzig Prozent der Sendezeit die mehr oder weniger kahlen Häupter, ohne eine heiße Spur zu finden. Und in den letzten zehn Minuten plötzlich, beim Feierabendbier an der Theke oder beim Gute-Nacht-Schwätzchen mit der Freundin im kuscheligen Bett fällt dann in einem Nebensatz so eine belanglose Bemerkung, die beim

Hauptkommissar etwa drei Sätze später alle Alarmglocken schrillen lässt.

»Sag das noch mal!« fordert er seinen Gesprächspartner oder seine Partnerin sofort ungeduldig auf.

»Was?« fragt er oder sie mit belämmertem Gesichtsausdruck und unser Hauptkommissar versucht ihn oder sie hastig an die Stelle ihres Gespräches zurückzutreiben, wo er oder sie jene ominöse Bemerkung gemacht hat.

Er oder sie wiederholt artig das Gewünschte und unser Hauptkommissar springt wie von der Tarantel gestochen vom Barhocker oder aus dem Bett und verlässt blitzartig die Szene. Das war dann die Lösung des Falles.

Ähnlich ging es mit der Lösung oder wenigstens der Teillösung unseres Falls vonstatten. Ich glaube, es war beim Geburtstagskaffee meiner Schwiegermutter. Zu solch einem Ereignis versammeln sich normalerweise immer viele Menschen, die normalerweise immer viel reden, also sich unterhalten. So war es auch bei Schwiegermuttern. Alle redeten, keiner hörte zu und alles waberte irgendwie im Raum herum, bildete eine gemütliche Geräuschkulisse. Das Unterbewusstsein jedoch (das meine machte da keine Ausnahme) registrierte mehr als die Ohren. Und plötzlich war es auch bei mir da, dieses elektrisierte Zucken drei Sätze später.

»Sag das noch mal«, fuhr ich Tante Marie(chen) in die Parade, die sich gerade angeregt mit Schwiegermuttern unterhielt.

Ich erntete natürlich erstaunte Blicke:

»Was?«

»Na, hast du nicht eben was von riesigem Garten und Scheune und verpachten und so gesagt, Tante Mariechen?«

»Ach so, ja...« Ich sah an ihrem Gesicht, wie die Tante den Gesprächskilometerzähler um einige Meter zurückdrehte um dann zu der Erklärung anzusetzen, die mir und unserem Hördur sowie seinem Kumpel in spe die Existenz retten sollte.

»Die Müllers, also das große Gartengrundstück vorn an der Bundesstraße, gleich gegenüber der Apotheke, na, du weißt schon...«

Ich wusste nicht. Hilfesuchend schaute ich meine Frau an. Die wusste natürlich sofort. Klar! Schließlich war sie die Einheimische, ich dagegen hatte eingeheiratet, besaß also nicht diese spontane und differenzierte Ortskenntnis.

»Mensch, bist du blöd!« leitete meine Frau denn auch sofort eine Übersetzung von Tante Mariechens Ortsbeschreibung ein. Sie wusste halt, wie man mit mir zu reden hatte. Und tatsächlich formte sich auch vor meinem geistigen Auge das Bild des Grundstücks, an dem ich schon so oft achtlos vorbeigelatscht war: alte Scheunengebäude und angrenzend ein riesiger Obstgarten. Apfelbäume, Birnbäume, Pflaumenbäume und alles inmitten einer sattgrünen Wiese. Ein nahezu ideales Terrain für unseren Hördur und seinen zukünftigen Kumpel!

»Und das soll zu pachten sein?«, fragte ich mit verhaltener Freude nach. Ich war mir nicht ganz sicher, wie viele Stationen diese Information schon durchlaufen hatte, ehe sie (leicht verfälscht) bei Tante Mariechen gelandet war.

Die Tante schwor Stein und Bein, dass die Müllers Teile der Scheune, den Garten und einen kleinen Stall, der auch zu dem Ganzen gehörte, verpachten wollten. Die Mutter der Müllers, die dort allein in dem Wohnhaus residierte, habe es ihr selbst gesagt. Und die müsse es ja wissen.

Keine Woche später rückten wir den Müllers auf den Pelz. Wir entdeckten sie irgendwo im Osten, in so einem kleinen Kaff, wo sie sich eine neue Existenz aufgebaut hatten. Sie fanden nichts dabei, uns Obstwiese, Scheune und Stallungen zu überlassen, wenn nur wieder alles bewirtschaftet werden würde, weil, der armen Mutter könne man die Arbeit wohl nicht mehr zumuten.

Das fanden wir auch und der Pachtvertrag war in Null-Komma-Nix unterschrieben.

Nachdem unsere größte Not, nämlich für Hördur ein neues Heim zu finden, aus der Welt war, nachdem sich auch der rosarote Jubelschleier etwas von unseren Augen verzogen hatte, waren wir endlich in der Lage, unsere Errungenschaft etwas genauer unter die Lupe nehmen. Vielleicht hätten wir das früher tun sollen.

Der Stall war ein Loch, so dunkel, dass selbst ein Höhlenbär darin Panik bekommen hätte. Ein Pferd würde da keinen Schritt hineintun. Unser Hördur, dieser Angsthase, schon gar nicht! Und auf dem Scheunenboden, dort, wo unser Heu und Stroh einmal lagern sollte, sah es aus wie nach einer Gasexplosion. Aber als mich gerade neuerliche Schwermut überfallen wollte, war es wiederum meine Frau, die mir mit ihren aufmunternden Worten Kraft gab:

»Du schaffst das schon«, meinte sie zuversichtlich, »du haust hier einfach eine Wand aus dem Stall, dann kommt da mehr Licht rein und der Eingang ist auch nicht mehr ganz so schmal. Und den Boden, den hast du doch ruckzuck aufgeräumt.«

Sie musste wohl bemerkt haben, wie meine Kinnlade die Flucht nach unten antrat. Also versuchte sie, etwas Tröstendes zu sagen:

»Dafür ist aber die Wiese mit den Obstbäumen wunderschön und die Betonplatte für den Mist ist auch schon da. Einfach ideal, um Pferde zu halten.«

Zugegeben, sie hatte nicht ganz unrecht. Die Wiese mit ihren Bäumen hatte es mir auch angetan. Aber wie sollte ich, der laut seiner Mutter mit zwei linken Händen aufgewachsen war und daher auch nur sehr selten einmal einen Hammer mit Erfolg ins Ziel gebracht hatte, diese Herkulesarbeit bewältigen?

Es brauchte einige Tage, die ich jammernd, klagend und

fluchend verbrachte, ehe ich mich auf meine Wurzeln und meine Gene besann. Schließlich war mein Vater Zimmermann gewesen, und ein guter noch dazu! Also musste doch zumindest ein klitzekleiner Teil seiner Erbmasse auch mir zugute gekommen sein und nicht alles meinem Bruder! Zögernd und widerwillig näherte ich mich endlich Hammer, Säge, Axt und anderem fremdartigen Werkzeug, überwand meinen Ekel und begann mit der Arbeit. Und da spürte ich sie, die Gene meines Vaters! Dort, wo mich noch vor kurzem eine Bärenhöhle das Fürchten lehrte, entstand ein Offenstall, so hell und luftig, wie ihn die Welt noch nicht gesehen hatte. Ein Paradies für Hördur.

Mit stolzgeschwellter Brust fuhr ich zu Hördur hinaus, fand ihn eingepfercht in seiner Behelfsbox und teilte ihm aufgeregt mit, dass sein neues Heim fertiggestellt sei und nur noch einige Kleinigkeiten, der Paddock zum Beispiel, zu bauen seien.

»In ein paar Wochen kannst du umziehen«, sagte ich und blickte verträumt ins Leere.

»Schön. Und was ist mit meinem Kumpel?«

»Den bekommst du auch...«

Viel zu spät begriff ich, dass ich etwas gehört hatte, was ich nie hätte hören dürfen. Es war schließlich nicht mehr Heiligabend, schon lange nicht mehr! Also, wie zum Kuckuck war es möglich ... ?

Nach einigen Augenblicken nahe am Wahnsinn rappelte ich mich auf und beschloss, weder in die Klapsmühle noch über Los zu gehen und auch keine viertausend Mark einzuziehen. Nein, ich würde für mich behalten, was ich soeben gehört hatte. Und ich nahm mir vor, nie wieder etwas aus einem Pferdemaul zu hören. Zum Glück hielt sich auch Hördur daran und quatschte mir nicht weiter die Ohren voll ...

Der Neue

Nachdem Hördur nun eine wunderschöne und, was der Kerl natürlich nicht zu würdigen wusste, in heroischer Eigenleistung gefertigte neue Bleibe erhalten hatte, ging es daran, ihm den zweiten Teil meines Versprechens zu erfüllen: Ich musste ihm einen Kumpel beschaffen!

Hatte ich den Stall noch allein und ganz selbstverantwortlich gegen alle Bedenken (bezogen auf meine Handwerkskunst) und unter kritischer Baubegleitung errichtet, so war mir das Abenteuer Pferdekauf zu groß, als dass ich diese Last allein tragen wollte. Da musste meine Frau mit ran. Ich wollte nicht den Kopf hinhalten, wenn sich so ein Neukauf hinterher vielleicht als störrischer Bock oder als Ekelpaket entpuppte oder gar als einer, der alles andere im Sinn hatte, nur nicht, mit Hördur Freundschaft zu schließen.

Aber meine Frau ist, genau wie die Frau von Ephraim Kishon, die beste Ehefrau von allen und war deshalb auch sofort bereit, mir bei der Auswahl des »Kumpels« ohne Wenn und Aber zur Seite zu stehen, mehr noch, sie schickte sich an, mir das Heft des Handelns aus der Hand zu nehmen (was mir dann irgendwie auch wieder nicht so recht passte).

Die Sonderkommission »Kumpel« wurde ins Leben gerufen und meine Frau führte, sozusagen als erste Amtshandlung, ein längeres Telefongespräch. Nachdem sie den Hörer aufgelegt hatte, durfte ich ihr leuchtend rotes und sehr erhitztes Telefonohr bewundern und mir anhören, was es so Neues gab. Es gab sehr viel Neues! Ich wurde regelrecht erschlagen von all den Neuigkeiten! Doch bevor ich ob der erdrückenden

Last der brandaktuellen Nachrichten über Hinz und Kunz dahinschied, fand diese kleine, beinahe unscheinbare Information den verschlungenen Weg durch meine Gehörgänge und ich registrierte mit letzter Kraft, dass es dort unten, irgendwo im Hessischen einen Mann gab, der etwas von einem Isi-Wallach wusste, der verkauft werden sollte. Ein weiteres, im Vergleich zum vorangehenden Telefonat sehr kurz gehaltenes Ferngespräch mit eben diesem Mann brachte uns schließlich die ersehnte Adresse ein. Hier sollten wir unser Traumpferd besichtigen und auch kaufen können.

Nun waren wir nicht mehr zu halten. Voller Kauflust traten wir schon am folgenden Wochenende den Weg ins Hessische an. Mit der ziemlich vagen Wegbeschreibung im Kopf und ein paar Straßenangaben auf einem Schmierzettel verirrten wir uns nach etwa zwei Stunden Fahrzeit in einem Kaff, dessen Name uns bisher noch nie untergekommen war. Auf der Suche nach der Adresse, die uns unsere Kontaktperson am Telefon nuschelnd mitgeteilt hatte und die, hingekritzelt auf den Papierfetzen, noch eine zusätzliche Verfremdung erlitten hatte, durchquerten wir das Dorf schließlich mehrere Male, lernten so auch die hinterletzten Gassen kennen, ohne auch nur etwas entfernt nach einer Pferdekoppel Aussehendes zu entdecken. Von Isländern gab es sowieso weit und breit keine Spur.

Doch dann endlich, an einer der zahlreichen Ausfallstraßen ins Niemandsland, sahen wir etwas einem Isländer nicht Unähnliches inmitten einer Kirschbaumplantage weiden. Zum Glück gab es auch ein Wohnhaus in der Nähe und wir schlussfolgerten, dass dort der Eigentümer dieses edlen Rosses sein Zuhause haben musste.

Mit unserer Vermutung lagen wir sehr richtig und auch die Pferderasse stimmte. Tatsächlich nannte dieser Mann ein paar Tiere der Gattung Islandpferd sein Eigen und auch das Tier, welches wir zuerst gesehen hatten, gehörte zu seinem

Bestand. Ja, meinte der Mann, den guten Max wolle er schon verkaufen.

»Max?« fragte meine Frau arglos »ich denke, das ist ein Isländer! Heißen die nicht anders?«

»Ja, schon«, erklärte der Mann, »aber ich kann mir diese verrückten Namen einfach nicht merken. Da habe ich ihn einfach Max getauft. Meine anderen Pferde habe ich übrigens auch umbenannt.«

Wir heuchelten Verständnis. Auch wir hatten so unsere Probleme mit Namen. Nur wussten wir das zu dem Zeitpunkt noch nicht. Also ließen wir Herrn Knauer erzählen. Über sich, seine Pferde und ganz besonders über Max, den er verkaufen wollte. Jaaaaah..., ein ganz braver sei der Max, noch jung zwar und nicht fertig eingeritten, aber in dem stecke was!

»Der wird mal das ideale Freizeitpferd!« meinte er.

»Und der Preis?« Natürlich musste diese Frage kommen. Die Antwort überraschte uns positiv. Das waren Preisklassen, in denen wir uns wohlfühlten. Dabei hätten wir eigentlich skeptischer sein müssen. Mittlerweile hatte sich Max zu uns gesellt und seine treuherzigen Augen entfachten auf der Stelle Mutter- und Vatergefühle. Trotzdem rutschte mir die Frage heraus:

»Wo sind denn Ihre anderen Pferde? Warum steht der Max denn hier so allein?«

»Naja...« druckste Herr Knauer und seine flackernden Augen verrieten Unsicherheit, »der Max hatte was an der Hinterhand. Die Sehne ... er kuriert sich noch aus, ehe er wieder zu den Anderen darf. Aber das wird wieder, glauben Sie mir! Der springt hinterher wieder herum wie ein junges Reh!«

Wir hätten es nur zu gern geglaubt. Aber bei aller idiotischen Isi-Liebe hatten wir in der Vergangenheit so etwas wie gesundes Misstrauen entwickelt. Und das brach bei meiner Frau jetzt aus. An ihrem Gesichtsausdruck sah ich es ganz deutlich. Also beendeten wir das Gespräch, wie man immer in

»Was habe ich da gehört? Leckerli?!? Ich komme!!!«

»Schau mir in die Augen, Kleiner...« Auch Hördur liebt Casablanca!

solchen Situationen ein Gespräch beendet, nämlich unter dem Vorwand, dass zuhause zwei kleine Kinder und eine bettlägerige Schwiegermutter unserer baldigen Rückkehr entgegenfieberten. Wir versprachen, treuherziger Augenaufschlag inklusive, uns in Sachen Max bald wieder zu melden.

Unsere wahren Absichten jedoch waren die, ohne Umwege den Mann aufzusuchen, der uns diese Adresse empfohlen hatte. Herr Eggers, so hieß er, musste schließlich wissen, was sich hinter dieser ominösen Sehnen-Geschichte verbarg. Zum Glück fanden wir das Anwesen unseres Vermittlers auf Anhieb, trafen den Hausherren inmitten seiner eigenen Islandpferde-Herde an und Max war auf der Stelle Vergangenheit. Nichts, aber auch gar nichts wollten wir mehr mit diesem Max zu tun haben angesichts der Pferde-Schönheiten, die uns hier entgegenblickten. Leider hatte Herr Eggers nicht die Absicht, uns eines seiner Tiere zu verkaufen. Also kamen wir notgedrungen doch noch einmal auf Max zu sprechen.

Nein, meinte Herr Eggers, da seien wir ja nun völlig auf dem Holzweg gewesen. Er kenne diesen Herrn Knauer zwar, sogar von diesem Max habe er schon gehört, man hört ja so einiges, also, wer den Gaul kauft, der muss nicht ganz bei Trost sein! Aber eigentlich habe er die Frau Bauer im Sinn gehabt, die ihren Nonni verkaufen wolle. Nur ein paar Straßen weiter wohne sie.

Nun ja, das Thema: »Wie merke ich mir den richtigen Namen zur richtigen Zeit«, würde vielleicht einmal Gegenstand eines Volkshochschulkurses sein. Wir würden sicher daran teilnehmen. Für's erste jedoch nahmen wir Herrn Eggers Einladung an, uns Nonni zu zeigen.

»Ich bringe Sie danach zu Frau Bauer. Die ist, soweit ich weiß, im Augenblick nicht zuhause. Aber nachher ganz sicher. Wenn der Nonni Ihnen gefällt, können Sie dann mit ihr gleich das Geschäftliche regeln.«

Wenig später schlugen unsere Herzen zum dritten Mal an diesem Tag Purzelbaum, als Nonni uns von einer kleinen Anhöhe aus entgegenlächelte; dunkelbraun, schwarze Mähne, schwarze Strümpfe. Vier Jahre alt, freches Gesicht und uneingeritten. Der ideale Kumpel für Hördur!

»Den nehmen wir!« war unser einhelliger Kommentar. Ein paar Streicheleinheiten, ein paar verliebte Blicke, das genügte, um uns für Nonni zu entscheiden. Was scherten uns alle unsere guten Vorsätze, was sollte all das Gerede von wegen »Augen auf beim Pferdekauf!« Wir wollten ein Pferd! Hier und jetzt! Kein Mensch fährt einfach so nach Hessen und kommt abends ohne Pferd nach Hause. Wie hätten wir das Hördur erklären sollen?

Herrn Eggers war es nur recht. Er lud uns in sein Auto und kutschierte uns geradewegs zu Frau Bauer, der Besitzerin von Nonni. Doch nicht sie trafen wir an, sondern ihren Bruder. Er zuckte bedauernd mit den Schultern, als wir ihm unser Anliegen vortrugen:

»Tja, da kommen Sie jetzt aber zu spät, tut mir leid«, erklärte er und machte keineswegs den Eindruck, als ob ihm irgendetwas leid täte, »den Nonni hat die Silke vor knapp einer halben Stunde gegen einen Heuwender eingetauscht. Sie holt gerade den Pferdehänger und bringt den Gaul dann direkt zu seinem neuen Besitzer.«

Die Enttäuschung würgte uns die Sprache ab. Herr Eggers sprang für uns in die Bresche:

»Doch nicht etwa an diesen Bertram! Der hat mit Pferden ja nun gar nichts am Hut! Kann man denn da nichts mehr machen?«

Der Bruder von Frau Bauer legte den Kopf schief und grinste:

»Kann ich mir nicht vorstellen. Wir brauchen den Heuwender dringend. Und ehrlich gesagt, ich bin froh, dass der Gaul endlich weg ist. Unnützer Fresser.« So sprach der ausgewiesene Pferdegegner und wir traten hängenden Kopfes die Rückfahrt nach Hause an. Es herrschte Begräbnisstimmung und es brach uns das Herz, als wir Hördur unter die Augen treten und ihm von unserem traurigen Ausflug berichten mussten.

Aber auch bei uns enden Geschichten wie im richtigen Leben mit einem Happyend. Damit rechneten wir natürlich nicht als wir uns, ernüchtert und zerschlagen zu Bett begeben wollten. Doch just in dem Augenblick, als ich die Schlafzimmertür öffnete, klingelte das Telefon – in solchen Momenten klingelt immer das Telefon – und ich fragte, wie man in solchen Momenten immer fragt:

»Nanu, wer mag denn das wohl jetzt noch sein?«

Meine Frau zerstörte die Szene mit der schroffen Bemerkung:

»Frag' nicht so blöd, geh' lieber 'ran.«

Was ich dann auch tat. Zum Glück, denn so war ich der Erste, der die freudige Nachricht hören durfte:

Nonni war noch zu haben! Frau Bauer hatte den Verkauf rückgängig gemacht, worauf Herr Eggers, wie sich herausstellte, einen nicht unerheblichen Einfluss gehabt hatte. In meiner Begeisterung ließ ich Frau stehen und Telefon liegen, stürzte aus dem Haus und rannte zu Hördur, der in seiner neuen Unterkunft, nur wenige Minuten entfernt, einer trostlosen Nacht ohne neuen Kumpel entgegensah.

Hördur vernahm meine schlappenden Schritte, noch bevor ich das letzte Hindernis auf dem Weg zu seinem Heim, die Bundesstraße, überquert hatte. Aufmerksam folgten mir seine Augen, bis ich atemlos vor dem Tor zum Paddock hielt. Erwartungsvoll ruhte sein Blick auf mir und es schien, als spiele ein spöttisches Grinsen um seine Maulwinkel. Oder war es ein glückliches Lächeln? Konnte Hördur Gedanken lesen und wusste bereits, was ich ihm zu sagen hatte?

»Du ... du bekommst ihn«, keuchte ich, »wir haben dir soeben einen Kumpel gekauft. Was sagst du jetzt?«

Hördur sagte nichts. Er begann herzhaft zu lachen. Er konnte seine Freude nicht zurückhalten und lachte mich an ... oder? Nein, irgendwie klang es anders. Es lag mehr als nur Freude in diesem Lachen. Genau genommen klang es wie ... Schadenfreude! Er lachte mich nicht an, er lachte mich aus! Das hatte ich nicht verdient! Ich brachte meinem Pferd die freudigste aller Nachrichten und es lachte mich aus!

Erschüttert ließ ich den Kopf sinken und mein Blick glitt über meinen Körper von der Brust bis zu den Füßen. Ich sah edelsten Zwirn auf nackter Haut, das perfekte Outfit für den Mann um die Vierzig auf nächtlichem Streifzug:

Schlafanzug und Hauspantoffeln!

Isi-Transport

Nonni war gekauft, stand immer noch bei Frau Bauer, seiner Vorbesitzerin und wollte zu Hördur. Zwar kannte er den noch nicht, aber wir hatten ihn schon ganz heiß gemacht auf seinen neuen Freund. Auch Hördur konnte es kaum noch abwarten, endlich jemanden zu haben, den er durch sein neues Heim jagen konnte.

Der Haken an der ganzen Geschichte aber war der, dass wir wieder mal jemanden brauchten, der einen Pferdehänger hatte und auch noch damit umzugehen verstand. In dieser Hinsicht hatten weder meine Frau noch ich mich weitergebildet. Wir waren nämlich blauäugig davon ausgegangen, nie einen Pferdehänger zu benötigen. Und wenn, na ja, irgendjemand würde sich schon breitschlagen lassen ...

Als wir Nonni dann abholen mussten, wollte sich aber niemand so ohne weiteres breitschlagen lassen! Und selbst fahren? Wie das denn, wenn das eigene Auto keine Anhängerkupplung besitzt? Außerdem, so mit Hänger, dann womöglich noch rückwärts, und das alles vor den Augen sensationsgieriger, schadenfroher Mitmenschen?

»Nee, nicht mit mir«, dachte ich, die aufkeimende Panik mühsam unterdrückend.

Das Schicksal, mit Hänger fahren zu müssen, würde nämlich mich ereilen, niemanden sonst! Meine Frau würde behaupten, das sei Männersache (so'n Blödsinn!) und der Rest der Familie besaß keinen Führerschein.

Aber ich hatte die feste Absicht, wenn ich jemals einen Pferdehänger hinter mein Auto spannen müsste, dann würde ich vorher einen Crash-Kurs in der Feldmark unternehmen, weitab jeglichen menschlichen Lebewesens. Nur, das half mir für den Augenblick auch nicht weiter. Bis ich mir Hängerfahrkenntnisse angeeignet hatte, würde Nonni alt und verkalkt sein und Hördur wäre an Einsamkeit zugrunde gegangen.

Wie gut, dass man in der Not Freunde hat! (Oder sich derer erinnert...) Einer dieser Freunde, der eigentlich ein weitläufiger Bekannter war, hatte, soweit ich mich erinnerte, einen Pferdehänger, klein, aber fein und für den Transport eines einzelnen Isis völlig ausreichend. Auch das notwendige Fahrzeug mit Anhängerkupplung nannte er sein Eigen. Zum Glück war dieser Mann mit einem phänomenalen Gedächtnis ausgestattet, er erinnerte sich meiner nämlich ebenfalls und zudem war er ein hilfsbereiter Mensch. Also verabredeten wir uns für den kommenden Sonntag, um die Pferdeüberführung in Angriff zu nehmen.

Zugegeben, ich konnte mich nicht mehr so recht an das Gefährt erinnern, welches mit der besagten Anhängerkupplung ausgestattet war. Aber als ich es dann wieder sah, war ich doch etwas schockiert. Grün, alt und nicht sehr vertrauenerweckend sah er aus, der klitzekleine Suzuki, der, auch wenn er über einen Allradantrieb verfügte, eher geeignet schien, seinen Insassen in den Schlaglöchern dieser Welt die pure Lust am Autofahren zu verderben und deren Wirbelsäulen ihrer Stabilität zu berauben.

Meinen Bekannten fochten die Bedenken, die unausgesprochen und dennoch überdeutlich in der Luft hingen, nicht an. Munter schwang er sich auf das Drahtgestell mit dünner Schaumstoffauflage und abgewetztem Stoffüberzug, was man in anderen Kraftwagen Autositz nennt und bat mich, neben ihm auf dem sogenannten Beifahrersitz Platz zu nehmen. Ich tat ihm den Gefallen, wenn auch widerwillig.

Er startete, legte irgendeinen Gang ein und siehe da, das

Vehikel rollte. Ich wagte einen skeptischen Blick zurück – doch, auch der Pferdehänger schien zu rollen, jedenfalls vergrößerte sich der Abstand zwischen Hänger und Auto nicht, was darauf schließen ließ, dass der Hänger tatsächlich fest am Suzuki hing und sich bereitwillig mitziehen ließ. Ich atmete vernehmlich durch. Der erste Teil unserer Mission war geglückt.

Wir näherten uns unaufhörlich der Autobahn. Flache Landstraßen führten uns gen Süden, ab und zu ein Schlenker nach links, dann wieder nach rechts. Ganz nebenbei erhielt ich eine ausführliche Lektion in Sachen »Autofahren mit Pferdehänger«.

»Wichtig ist in den Kurven«, bemerkte mein qualifizierter Chauffeur (der, nebenbei bemerkt, im richtigen Leben einen 30- oder auch 40-Tonner steuerte), »wenn du da zu eng und zu schnell reingehst, dann ... flatsch!«

Ich konnte mir sehr gut vorstellen, was er mit »flatsch« meinte und nickte respektvoll.

»Und dann kommt ja auch noch das Pferd hinten auf dem Hänger dazu!«, verstärkte er seine Aussage und nahm die nächste Kurve zur Demonstration im Schneckentempo und mit größtmöglichem Radius.

Ich hatte verstanden und mir wurde klar, sollte ich jemals selbst ein Auto mit Hänger im Schlepptau steuern, würde das eine radikale Abkehr von meiner bisherigen Fahrweise bedeuten. Wehmut befiel mich:

»Ade, all ihr netten Bordsteine. Nie wieder werde ich euch schrammen dürfen ...«

Derart in dumpfe Gedanken versunken erreichten wir die Autobahnauffahrt und in außerordentlich flottem Tempo ging es weiter. Wir ließen Göttingen links liegen und die eine oder andere Abfahrt ebenfalls.

Das abschüssige Teilstück zur Werratalbrücke ließ in mir Zweifel aufkommen, ob der kleine Suzuki denn noch das Tempo bestimmte und den Hänger zog oder ob der Hänger eher den Suzuki unter Druck setzte. Meine schlimmsten Befürchtungen wurden bestätigt, als wir hinter dem Streckentiefpunkt uns wieder den Hang hinaufarbeiten mussten. Unser Suzuki schnaufte und keuchte. Ein halbwegs trainierter Radfahrer hätte uns hier nass gemacht wie nichts!

»Ich denke, wir nehmen auf der Rücktour eine andere Strecke und nicht die Autobahn«, zeigte sich mein Fahrer entschlossen, »ist da etwas flacher, auch wenn's der längere Weg ist...«

Das schien mir nur vernünftig.

Misstrauische Blicke empfingen uns, als wir auf Nonnis Heimathof einfuhren.

»Schafft der Karren denn das?«, schien aus allen Gesichtern zu sprechen. Doch niemand wollte seine Skepsis offen formulieren. Die Höflichkeit war hier Gesetz.

Nonni jedoch hatte noch nichts von diesem Gesetz gehört. Allerdings war er es ja auch, der sich auf ein Abenteuer mit ungewissem Ausgang einlassen sollte. Er hatte nicht die geringste Lust dazu und zeigte offen seine Abneigung. Kein noch so gut gemeintes Wort, keine noch so inbrünstig gemurmelte Beschwörungsformel brachte Nonni dazu, sich dem Hänger auf weniger als zwei Meter zu nähern. Als Nonni schließlich mit roher Gewalt auf die Ladefläche bugsiert werden sollte, zeigte er, was wirklich in ihm steckte. Mir jedenfalls schien es in dem Augenblick, als hätte ich es nicht mehr mit einem reinrassigen Isländer zu tun, sondern mehr mit einer Mischung aus achtzig Prozent Esel und einem Rest Gummiball. Zunächst stemmte er sich mit aller Kraft (und die war riesengroß) gegen das Unausweichliche, dann versuchte er, uns mit allerlei Hüpfern zu entkommen.

Als wir alle, eine Frau und zwei Männer, um genau zu sein, mut- und ratlos die Arme und Köpfe hängen ließen, erschien uns ein schmuddeliger, promenadengemischter

Hund als Retter. Unbemerkt hatte er sich durchs poröse Maschengeflecht von Nachbars Garten gemogelt und sich im weiten Bogen um uns herum bis zur Beifahrerseite des Suzuki geschlichen. Hier hatte er zunächst in Hundemanier die Reifen benetzt, dann mit seiner feuchten Hundenase alles genauestens untersucht und schließlich die kleine, offene Tür im Pferdehänger vorn neben der Deichsel entdeckt.

Ein Hüpfer reichte aus und er hockte im Bug des Hängers inmitten von Strohresten. Von dieser erhabenen Position aus hatte er den allerbesten Überblick über das Treiben vor der herabgelassenen Ladeluke.

Er sah uns, er sah Nonni und er schlug ein fürchterliches Gebell an. Ob es nun ein spöttisches Hundelachen oder gar ein herausforderndes Blaffen war, das mochte ich nicht erkennen. Wohl aber Nonni! Der vergaß für einen Moment uns, den Hänger und den bevorstehenden Transport. Er hatte nur Augen für den belfernden Köter! Hass sprühte aus seinen Augen. Ein kleiner Ruck nur und Nonni hatte sich unseren unachtsamen Händen entrissen. Zwei Sätze und er stand im Hänger, den Kopf gesenkt und nach dem Köter schnappend. Doch der hatte sich längst aus dem Staub gemacht. Nonnis Zähne klappten ins Leere.

Unser Schreck über das, was da passierte, dauerte zum Glück nur eine Sekunde lang (die berühmte Schrecksekunde nämlich). Dann ging alles wahnsinnig schnell. Mein Suzuki-Pilot und ich sprangen behende auf die Heckklappe des Hängers zu, während Frau Bauer, Nonnis Noch-Besitzerin, katzengewandt durch die kleine Bugluke schlüpfte, Nonnis Führstrick ergriff (seltsamerweise war der ihm bei seinem Satz in den Hänger nicht zum Verhängnis geworden) und ihn fest mit den dafür vorgesehenen Metallösen verzurrte.

In der Zwischenzeit hatten wir Männer bereits die Klappe verriegelt, so dass für Nonni, wenn er wieder bei Sinnen war, keine Aussicht mehr auf Flucht bestand. Schon wenige Augenblicke später erkannte Nonni seinen Fehler. Er begriff, dass wir ihn hereingelegt hatten, oder vielmehr dieser Köter, und er machte seinem Ärger durch heftiges Trommeln auf den Boden und gegen die Wände des Hängers Luft. Die kläffende Promenadenmischung verfolgte das Geschehen derweil aus der sicheren Deckung der nächstliegenden Hausecke heraus. Ich hätte ihn knutschen können, diesen elenden Köter!

Eile war geboten. Jetzt, wo wir Nonni einmal auf dem Hänger hatten, wäre es ein Fehler gewesen, noch länger herumzustehen und Belanglosigkeiten auszutauschen. Also verschwand ich mit Frau Bauer im Haus, um die Vertrags-Formalitäten zu erledigen, stürzte sodann nach einer flüchtigen Verabschiedung wieder auf den Hof hinaus und in den Suzuki, in dem mein Fahrer mich bereits erwartete. Wir starteten sofort durch, ich warf noch einen letzten Blick in den Rückspiegel und gewahrte Frau Bauer, die hinter uns herwinkte. Ob ihr Gesicht nun Wehmut oder Schadenfreude ausdrückte, konnte ich nicht mehr erkennen. War vielleicht auch gut so.

Die ersten zehn oder auch zwanzig Kilometer unserer Rückfahrt dachte ich nichts. Ich saß einfach nur so in meinem Beifahrersitz und starrte die vorbeischleichende Landschaft an. Denn obwohl wir für die Rückfahrt eine andere Strecke mit weniger Steigung gewählt hatten, machte sich die Last, die »Klein-Suzuki« zu ziehen hatte, bemerkbar. Irgendwann aber begann mein Gehirn sich wieder mit dem Hier und Jetzt zu beschäftigen und zwei Gedanken bemächtigten sich gleichzeitig meiner:

»Verdammt noch mal, ich wusste doch, dass wir was vergessen haben!« Dieser erste Gedanke machte mir eindeutig klar, dass ich ein Vollidiot war, denn niemand anderes als ein Vollidiot vergisst, einem Pferd, das transportiert wird, ein Netz voller Heu in den Hänger zu hängen.

»Er ist doch nicht etwa tot?« Dieser parallel gedachte zweite Gedanke entsprang der Tatsache, dass es nach anfänglichem Rumoren während der ganzen Rückfahrt verdächtig still gewesen war hinten auf dem Hänger.

Unruhe überfiel mich. Ich wagte jedoch nicht, meinen Fahrer darauf hinzuweisen, dass er womöglich eine Leiche transportierte. Noch einige Kilometer fuhren wir so dahin und meine anfängliche Unruhe steigerte sich zu klammheimlicher Panik.

»Können wir nicht auf dem nächsten Parkplatz mal halten und sehen, ob alles in Ordnung ist?«

»Wollte ich auch gerade vorschlagen«, antwortete mein Chauffeur.

Aha, er hatte also auch schon Verdacht geschöpft. Was sollte ich bloß meiner Frau sagen? Viel schlimmer noch, wie sollte ich es Hördur erklären, wenn wir zuhause den Hänger öffneten und sich herausstellte, dass sein neuer Kumpel nichts weiter war als ein Pferdekadaver?

Kurz darauf steuerten wir einen Parkplatz an. Ich stürzte aus dem Suzuki, hechtete zum Hänger, riss die Bugluke auf und sah Nonni genüsslich kauend vor einem jetzt nur noch gut zu einem Viertel gefüllten Heunetz stehen. Gelangweilt schaute er zu mir herab, um sich sofort wieder seinem Reiseproviant zu widmen. Vor lauter Erleichterung kam ich nicht dazu, mich über die Herkunft des Heunetzes zu wundern, doch mein guter, allerbester Freund und Fahrer, dieser weise und weitsichtige Mensch gestand mir augenzwinkernd, noch bevor wir heimatliche Gefilde erreichten, dass er immer ein Netz mit Heu gefüllt hinten im Stauraum des Suzuki mit sich herumführe, weil, man weiß ja nie, wofür man es mal braucht…

Hördur erwartete uns bereits ungeduldig, als wir endlich vor seinem Heim ankamen. Und dann hatte er ihn endlich bei sich, seinen neuen Kumpel Nonni. Ein erstes Beschnuppern, ein erstes heftiges Quieken und ein erster kräftiger Huftritt! Nein, nicht Hördur war es, der damit begann, dem Neuen die »Hausordnung« zu verlesen, sondern Nonni hatte diese Attacke geführt und es schien, als sei er nicht gewillt, sich unter Hördurs Regiment zu beugen. Ich sah es mit Argwohn. Das konnte ja noch heiter werden...

Alles Tölt – oder was?

Ein wunderschöner Sommer verging wie im Flug. Nonni und Hördur gewöhnten sich schnell aneinander. Irgendwie waren sie auch wie geschaffen für eine gute Pferdepartnerschaft. Während Nonni so ein bisschen den verhinderten Rambo gab, bevorzugte Hördur mehr die Rolle des Klügeren, der bekanntlich nachgibt.

Wir wurden jedoch erst darauf aufmerksam, als unser stets verfressener und auf der Weide so wohlgenährter Erstlings-Isi von Tag zu Tag mehr abmagerte, nachdem es im Stall nur noch Heu gab. Dies war ein schleichender Prozess und wir bekamen es zunächst gar nicht so recht mit, zumal Nonni im Gegenzug nicht unbedingt viel fetter wurde. So vermuteten wir, ganz besorgte Pferdebesitzer, das Naheliegende:

»Du, ich glaube, der ist krank!«

Logisch, ein Pferd, das an Gewicht verliert, kann nicht gesund sein. Das ist wie bei den Menschen! Nach dem ersten Erkenntnisschock folgte sofort die Überlegung, wie man dem armen Patienten helfen kann. Mehrere Denkmodelle, angefangen mit der Idee, schnellstens den nächsten Tierarzt herbeizuzitieren, bis hin zu diversen Selbsthilfemaßnahmen, mündeten schließlich in folgendem Vorschlag:

»Gib dem armen Kerl doch mal was zu fressen…«

Also gaben wir dem armen Kerl und mussten augenblicklich mit ansehen, wie Nonni kam und sich nahm, was Hördur zustand, während der, ganz aufgescheuchtes Karnickel, einen heftigen Satz zur Seite tat, um aus der Reichweite seines Kumpels zu gelangen.

Uns schwante Böses. Hatten wir bisher im Stall immer ein gemeinsames Häuflein Heu für die beiden Kameraden vorbereitet und sie danach sich selbst überlassen, so beschlossen wir, an diesem Tag dem Abendessen der zwei beizuwohnen. Wir wurden Zeuge eines erschütternden Dramas mit dem Titel: »Hilfe, mein Pferd ist ein Tyrann!«

Innerlich aufgewühlt von derart brutal-egoistischen Manieren beschlossen wir zum einen, die Fress-Gemeinschaft der zwei aufzukündigen und Hördur seinen eigenen Futterplatz zuzuteilen und wir fragten uns zum anderen:

»Wenn der Nonni das alles in sich 'reinhaut, wo lässt der das bloß? Ob der 'nen Bandwurm hat?«

Tatsächlich schienen die doppelten Futterrationen Nonni nicht sonderlich etwas angehabt zu haben, und er wirkte neben seinem Kumpel trotz dessen erbarmungswürdigen Zustands immer noch ein wenig mickrig.

Wir nahmen's gelassen und als wir nach einigen Tagen merkten, dass es auch mit Hördur bergauf ging, war die Welt für uns wieder in Ordnung.

Der Winter verlief ansonsten in ruhigen Bahnen. Eine eingefrorene Wasserleitung nebst geborstener Wasseruhr ließ uns über die Versorgung unserer Isis mit frischen Getränken neu nachdenken, ein Paddock, dessen Kiesuntergrund sich mit der Deckschicht aus Holzspänen unter Beigabe von Packschnee zu einem ausgezeichneten Matschgemisch verband, weckte in uns Begehrlichkeiten hinsichtlich gewisser Wunderwaffen in Sachen »trockener Reitplatz«.

Dann kam der Frühling, das Wasser wurde wieder flüssig und der Paddock auch ohne Wunderwaffe wieder trocken. Alles war gut und wäre vielleicht auch so geblieben, wäre da nicht Nonni gewesen. Nonni, der Uneingerittene. Ein Jahr lang hatten wir ihn davor verschont, sowohl einen Sattel als auch einen Menschen zu tragen. Er war noch jung und ein Beritt hatte Zeit. Aber in diesem Jahr sollte es endlich soweit sein! Der Traum vom gemeinsamen Ausritt, zu zweit, auf zwei Pferden, sollte Wirklichkeit werden.

Aber wo, bitteschön, lässt man ein Pferd bereiten? Die »großen« Bereiteradressen – das schien uns wie eine fremde, unerreichbare Welt, zu groß, zu gut, zu teuer und – zu weit weg (da war es wieder, mein altes Problem mit dem Pferdetransport im Pferdehänger an meinem Auto ohne Anhängerkupplung und ohne Ahnung im Führen eines solchen Gespanns).

Intensive Recherchen seitens meiner Frau führten jedoch schließlich zu einer Adresse, die uns behagte. Klein und fein sei der Hof, hieß es, und man habe auch zufällig gerade einen neuen Isländer hereinbekommen. Ein junger, dynamischer Bauernsohn von der Insel und damit geradezu prädestiniert, sich im Isiverrückten Deutschland seine Sporen als Bereiter zu verdienen.

Was Besseres konnte uns nicht passieren! Unser Isländer, von einem echten Isländer eingeritten und nicht von irgend so einem nachgemachten Einheimischen. Auf das Original gehörte eben das Original!

Siggi Sigurdsson hieß das Original, das uns wenige Wochen später vorgestellt wurde. Siggi, der Sohn vom alten Bauern Sigurd, eben Sigurds Sohn! Eigentlich ganz logisch, die isländische Sprache, fanden wir und fühlten uns sofort heimisch in der neuen Umgebung. Dazu trug auch Siggi bei, der, ganz lässig, die Baseball-Kappe tief ins Gesicht gezogen, auf spindeldürren Beinchen um Nonni herumstolzierte, uns dann aus nordisch-blauen Augen anstrahlte und in leicht abgewandeltem Smörebröd-Dialekt so etwas Ähnliches dahernuschelte wie:

»Daas mak gaa keine Problem geben mit den Nonni.«

Wir hörten zweimal hin, verstanden schließlich, was er meinte, fanden es drollig (nicht, was er meinte, sondern wie er es sagte) und wussten, bei Siggi waren wir und vor allen Dingen Nonni in guten Händen. In zwei Wochen, so vereinbarten wir, wollten wir uns ansehen, wie weit die Arbeit mit Nonni bereits gediehen war.

Nicht ohne Stolz möchte ich an dieser Stelle mal eben zwischendurch und auch nur am Rande erwähnen, dass ich Nonni an jenem denkwürdigen Tag mutterseelenallein zum Beritt transportierte, nur begleitet von meiner Frau und meiner Tochter, die mir mit allerlei sorgenvollen Mahnungen hilfreich zur Seite standen. Bis zuletzt hatte ich noch die Hoffnung gehabt, wieder jemanden zu finden, der mich vor dieser schweren Prüfung bewahrte. Da sich aber niemand fand, kratzte ich wie ein richtiger Mann allen Mut zusammen, besorgte mir Leihwagen und -hänger und tat so, als hätte ich mein ganzes Leben lang nichts anderes getan, als mit einem Pferdehänger im Schlepptau durch die Landschaft zu kutschieren.

Dies mag nun all jene Leser beruhigen, die sich seit dem letzten Kapitel »Isi-Transport« (siehe Seite 69) mit dumpfen Gedanken herumquälen, immer verfolgt von der Frage:

»Wann und wie wird er es wohl schaffen (wenn überhaupt), selbstständig mit einem Hängergespann unfallfrei von Punkt A nach Punkt B zu gelangen?«

Er hat es geschafft, jawoll!! Und das nicht nur allein mit Nonni, der Hängerfahren mittlerweile richtig toll fand. Auch Hördur war auf der Reise dabei. Er durfte Nonni zum Beritt begleiten. So konnte er seinem Kumpel immer nahe sein und ihm, wenn der Trainingsstress zu groß wurde, Trost und Mut zusprechen.

Nach zwei Wochen, die uns wie Urlaub vorkamen (weil man erst, wenn man sich nicht um sie kümmern muss, merkt, wie viel Arbeit Pferde machen), fuhren wir zur Inspektion. Wir entdeckten Hördur, der sich auf den Weiden, die dem Hof vorgelagert waren, mit einigen Stuten vergnügte (obwohl Wallach, immer noch ein richtiger Herzensbrecher, der Schlingel!), wir entdeckten Nonni, der in einer Box der Stallanlage stand und sich mit einigen Heuhälmchen beschäftigte, uns aber keines Blickes würdigte. Wir entdeckten zwei ausgemergelte Hofkater, die uns schnurrend um die Beine strichen. Doch sonst entdeckten wir nichts. Siggi, der Sohn des alten Islandbauern Sigurd, blieb unsichtbar.

Er blieb auch dann noch unsichtbar, als wir zaghaft einen Klingelknopf betätigten, der uns zufällig ins Auge fiel. Daraufhin starteten wir eine Suche nach den Hofeigentümern, die jedoch ebenso ohne Erfolg blieb wie eine Anfrage bei den hunderte Meter entfernt wohnenden Nachbarn. Deren dunkle Andeutungen brachten uns jedenfalls nicht weiter, auch wenn uns Worte wie: »Ach, diesen Isländer suchen Sie? Naja ... «, begleitet von süffisantem Grinsen, recht nachdenklich stimmten.

Irgendwann hämmerten wir, getrieben von purer Verzweiflung, an Tore und Türen des Gestüt-Anwesens (sofern sie aus wohlklingendem Holz waren). Tatsächlich regte sich etwas im Hausinneren, und nach etlichen, spannungsgeladenen Minuten öffnete sich irgendwo über unseren Köpfen ein Fenster. Zerzaustes Blondhaar, wässriger Schlafzimmerblick, herabhängende Schultern – das war ein Siggi Sigurdsson, den wir noch nicht kannten.

»Moment, brauche nur gaaanz bisschen Zeit. Bin gleich daaa ...«, krächzte die erbarmungswürdige Figur mit einer Stimme, die das so sympathisch-weiche nordische Timbre völlig vermissen ließ.

Immerhin hielt Siggi Wort. Nicht mal eine halbe Stunde später kam er uns entgegengeschlurft. Er war bereits in voller Reitermontur und grinste uns aus dem Schatten seiner obligatorischen Baseballkappe treuherzig an:

»Entschuldigung. Waa gestern sehr spät. Chef und Chefin nicht daaa. Alle Aaabeit maaach ich ...«

Er tat uns furchtbar leid und unser Groll verwandelte sich in Verständnis. Wie konnte man solch einem armen Jüngelchen nur die ganze Verantwortung aufbürden? Doch wir waren nicht gekommen, um derartige Fragen zu erörtern. Wir wollten Nonni unter dem Sattel sehen. Also griffen wir, um die Sache zu forcieren, zu Sattel und Zaumzeug, die zufällig in greifbarer Nähe hingen.

Damit hatten wir allerdings auch dem guten Siggi an die Ehre gegriffen. Plötzlich wandelte sich unser schwächelndes Bereiter-Männchen zum stolzen Wikinger.

»Meine Aufgabe«, raunzte er und riss mir den Sattel aus der Hand, während meine Frau verdattert an der Trense herumpulte.

Dann durften wir miterleben, wie ein Profi mit sparsamen Hand- und Körperbewegungen in Minutenbruchteilen ein Pferd putzt, sattelt und aufzäumt. Danach hatten wir auf dem verschlungenen Weg zur Ovalbahn (die kaum Bahn und noch weniger oval war) etwas Zeit, Siggi über seine Arbeit mit Nonni auszufragen.

»Sehr gut. Ist schon gaaanz gut«, war seine umfassende Auskunft.

»Und Tölt?«

»Auch gaaanz gut. Töltet sehr gut. Kannste gleich sehen.«

Ja, sehen wollten wir das unbedingt. Meine Güte, waren wir gespannt! Doch auf der Ovalbahn angekommen, konfrontierte uns Siggi zunächst einmal mit einem Kunststück ganz anderer Art. Er löste den Sattelgurt und wir fragten uns, ob seine Reitvorführung schon zu Ende war, ehe sie überhaupt begonnen hatte. Aber weit gefehlt! Siggi hatte nichts weiter im Sinn, als uns zu demonstrieren, wie man ein Islandpferd richtig besteigt. Und dazu war seiner Meinung nach ein Sattelgurt höchst überflüssig, weil es der gewiefte Reiter beim Besteigen seines Pferdes, und zwar des Islandpferdes (weil, bei Großpferden klappt diese Übung nämlich nicht so richtig) schafft, allein mittels einer gut abgestimmten Grifffolge und eines gut ausbalancierten Bewegungsablaufes in den lose auf den Pferderücken gelegten Sattel zu steigen. Zum Reiten allerdings sollte der Sattel dann schon festgegurtet sein.

Wir fragten uns im Stillen, wie es der Reiter wohl schafft, einen Sattel zu gurten, in dem er bereits sitzt. Laut stellten wir die Frage jedoch nicht, denn wir wollten vor Siggi nicht ganz doof dastehen. Und endlich, der Sattel war wieder gemäß der alten Tradition festgegurtet, bestieg Siggi unseren Nonni und begann, seine Runden zu drehen. Erst Schritt (eine halbe Runde), dann Trab (unendlich viele Runden), schließlich Galopp. Und dann folgte irgendwas anderes.

»Ist das Tölt?« fragten wir, nachdem Siggi, kräftig durchgeschüttelt, Nonni wieder im Schritt gehen ließ.

»Jaaaa, war Tölt«, bestätigte Siggi, und hielt mit Nonni auf uns zu.

Er stieg ab und wandte sich an mich:

»Jetzt musst du probieren.«

Ich hatte es geahnt. Vor dem Augenblick hatte ich mich immer gefürchtet. Ich, der Ahnungslose, sollte vor einem isländischen Profi-Bereiter bestehen. Aber der ungeduldige Blick meiner Frau signalisierte mir, dass es kein Entkommen gab.

Ich zog meine Kreise, hielt mich krampfhaft, aber wacker – sogar in den engen Kurven der Ovalbahn, und versuchte, Siggis lautstarken Kommandos folgend, zu tölten. Doch entnervtes Kopfschütteln des Profis signalisierte mir, dass es nix war mit Tölt. Obwohl ich genauso durchgerüttelt wurde wie Siggi.

Nach einer geschlagenen halben Stunde zogen wir weiter ins nahe Gelände, weil, da gab es abschüssige Strecken, auf denen ein Isi in der Ausbildung besonders gut zu tölten ist. Doch auch hier dasselbe Spiel. Unter dem durchgequirlten Profi war das Gehoppel »Tölt«, sobald ich jedoch im Sattel saß, hieß das Ganze »Schweinepass«.

Na gut, er war der Experte und wir mussten ihm glauben.

Siggi tröstete uns und vertröstete uns auf einen neuen Versuch in zwei Wochen. In dieser Zeit würde sich Nonni sicher stabilisieren und wir würden einen Sahne-Tölt auf ihm erleben.

Als wir zu unserem nächsten Besuch auf dem Hof anrückten, waren sowohl die Besitzer als auch ein junges Mädchen anwesend. Nur Siggi nicht. Er habe den Hof bei Nacht und Nebel verlassen, hörten wir. Wie Siggi überhaupt ein sehr nachtaktiver Mensch gewesen sein sollte und sich zunehmend weniger um die ihm anvertrauten Vierbeiner und dafür zunehmend mehr um Zweibeiner weiblichen Geschlechts gekümmert hatte.

Ich blickte meine Frau entgeistert an. Die nickte wissend:

»Ja, ein Charmeur war er schon, das habe ich gleich gemerkt.«

Ich fragte mich, ob ich nicht in der zurückliegenden Zeit etwas übersehen hatte.

Aber Siggi hin, Siggi her, was sollte jetzt mit Nonni werden? Die Hofbesitzer stellten uns das junge Mädchen vor:

»Regina kann ganz toll reiten. Sie macht das mit Ihrem Nonni. Und wegen dem Ärger mit Siggi bekommen Sie zwei Wochen Beritt ohne Aufpreis dazu.«

Das war ein Angebot, das wir gerne annahmen.

»Hast du ihn schon mal geritten?« fragten wir Regina, die zwar keine Isländerin war, sich dafür aber Gina nannte.

Sie hatte.

»Und? Töltet er?«

»Aber hallo«, tönte sie, ganz Profi, »alles Tölt! Alles super, ey!«

Es mussten halt nur die richtigen Leute ran ...

Szenen aus dem Isi-Alltag

Weidewirtschaft

Pferde haben die unangenehme Eigenschaft, zur Deckung ihres Energiehaushaltes ständig fressen zu müssen (sofern man ihnen die Gelegenheit dazu gibt). Da sind Islandpferde leider um keinen Deut besser.

Diese eher lästige Seite der Pferdehaltung fällt dem »Gemeinen Isi-Liebhaber« (also dieser Spezies Mensch, die, gesegnet mit einem gehörigen Schuss Verrücktheit, sich irgendwann aus ihrer Einfamilienhaus-Wohnsiedlung aufmacht, um einen Isi zu kaufen) erst dann auf, wenn er sich seine, im Durchschnitt zwei, Isis nimmt und sagt:

»So, jetze ziehe ich dat Ding alleine durch, woll?«

Dann baut er zuerst einen Stall (kein Problem, siehe vorangegangene Storys) und organisiert das Heu für den Winter (geringes Problem, denn der durchschnittliche Bauer aus der ländlichen Umgebung verdient sich gern ein Zubrot, auch wenn er nicht immer das liefert, was Pferde gern mögen, weil er meint, was für Rinder gut ist, kann den Gäulen nicht schaden).

Aber wehe, der Frühling kommt und die Isis gelüstet es nach frischem Gras. Dann macht sich der gemeine Isi-Liebhaber mit seinen Tierchen auf und lässt sie die Vorgärten einiger gutwilliger Zeitgenossen abgrasen. Das geht solange gut, bis die merken, dass Pferde Hufe haben, mit denen sie durchaus Löcher in das weiche Erdreich treten können. Und spätestens dann hat der gemeine Isi-Liebhaber ein echtes Problem: Er braucht eine eigene Pferdeweide.

Schnell stellt der GIL – ich werde den Begriff **»Gemeiner Isi-Liebhaber«** im weiteren Verlauf des Textes durch die Buchstabenkombination **GIL** ersetzen, das ist einfacher – also, der GIL stellt fest, dass Pferdeweiden rar gesät sind. Er klappert sämtliche Bauern der Umgebung ab, von denen er weiß, dass sie über Grasland verfügen, welches sie selbst nicht mehr nutzen. Doch ein ums andere Mal erntet der GIL Kopfschütteln, Unverständnis, hämisches Grinsen oder gar Tobsuchtsanfälle (jeder Mensch braucht halt so seine Ventile...), nur eben keine Weide.

Erst in schier aussichtsloser Lage – der Wunsch, von der Pferdehaltung zu lassen und lieber Tischtennis zu spielen wird übermächtig – kommt Rettung:

Ein ganz normaler Mensch, von Beruf mehr Handwerker als Bauer, der bis dato gar nicht zur Debatte stand, entpuppt sich als wahrer Menschen- und Pferdefreund und bietet dem vor Staunen sprachlosen GIL eine brachliegende Ackerfläche als Pferdeweide an.

»Toll«, denkt sich der GIL, »absolut affengeil, so eine kleine, feine Ackerfläche. Und nur um die Ecke! Zum Hinspucken! Da säe ich, haste nicht gesehen, ein wenig Grassamen aus und schon habe ich die schönste Pferdeweide!«

Der Pachtvertrag ist mit einem Handschlag besiegelt (der GIL hat nämlich mal irgendwo gehört, dass so was per Handschlag läuft) und schon fühlt sich Freund GIL als Nebenerwerbsbauer. Der Verpächter hilft tatkräftig bei der Umwandlung des Ackerbodens in Weideboden, denn er hat ein wenig mehr Erfahrung in solchen Dingen als der GIL. Der wiederum muss sich danach aber mutterseelenallein darum kümmern, dass die kleinen Isis auch das ihnen zugedachte Terrain nicht verlassen. Deshalb zieht er aus, das Material für den nötigen Zaunbau zu besorgen. Er findet dieses Material im nahegelegenen Forst. Junge Douglasien wird er im Laufe des feuchtkalten November fällen, wird sich steile Hänge hinauf- und hinabkämpfen, wird sich durch dichtes Unterholz quälen, wird den einen oder anderen Helfer verschleißen und schließlich kreuzlahm, aber glücklich damit beginnen, seine Weide einzufrieden.

Bewunderung wird ihm von allen Seiten zuteil für diese Herkulesarbeit (die Bewunderung ist natürlich nur vorgetäuscht, denn in Wahrheit denken die vermeintlichen Bewunderer: »Wie kann ein einzelner Mensch nur so bescheuert sein, sich die ganze Arbeit aufzuhalsen!«).

Angestachelt durch das Lob von allen Seiten (siehe vorherigen Absatz) wird der GIL zum Held der Arbeit und sattelt noch einen drauf, indem er sofort eine Weidehütte errichtet. Vier mächtige Eichenpfosten (angeblich saugünstig erstanden) bilden das Gerippe der Hütte. Die werden wohl auch noch stehen, wenn es längst keine Isis und keine GILs mehr gibt. Ein Dach mit exakt berechnetem Gefälle wird das Prunkstück der Hütte, aber auch die Holzwände sind nicht von Pappe und machen richtig was her (findet zumindest der GIL). Zum krönenden Abschluss werden die restlichen Douglasienstämme zu einem netten, kleinen Paddock zusammengezimmert, der die Hütte umgibt und dann endlich ist die Pferdeweide komplett. Der GIL kann sich in die wohlverdiente Winterpause begeben.

Im Frühling schließlich ist Einweihung. Der GIL zieht mit Frau, Tochter, Sohn (der gezwungen werden muss, weil er absolut kein Interesse an dem ganzen Quatsch hat) und zwei Isis vom Winterquartier zur Weide um. Leuchtende Augen bei Mensch und Tier gewahren das satte, dunkle Grün der fetten Weidefläche und Zufriedenheit kehrt ein. Zwar stören einige Löwenzahnblüten das Einheitsgrün, aber in diesem erhabenen Moment mögen weder der GIL, noch seine Angehörigen – und die Isis schon gar nicht – daran denken, welch grausame Vorboten diese leuchtend gelben Blüten sein können.

Also werden die beiden Isis in ihr neues Refugium entlassen und der GIL nebst Familie lehnt zufrieden über den Weidezaun und denkt sich:

»Nun fresst mal schön, ihr Lieben. Lasst es euch gut geh'n und seid glücklich.«

Das lassen sich die Isis nicht zweimal sagen und schon beginnen sie ungeachtet aller Rehe-Gefahren ihr unermüdliches Tag- und Nachtwerk.

Irgendwann im Spätsommer merkt der GIL, dass auf seiner im Frühjahr noch recht fetten Pferdeweide die Gräser immer spärlicher wachsen, der Hunger seiner Isis jedoch nicht geringer wird. Er erinnert sich wieder an die Tugend des Portionierens und beginnt, die gesamte Weide in kleine Sektoren aufzugliedern. Abgetrennt durch handelsübliche Weidezaunstangen aus Kunststoff sowie E-Band, scheint die Weide auf den ersten Blick mit einem wirren Geflecht, ähnlich dem eines Spinnennetzes, überzogen. Aber genau wie im Netz der Spinne steckt auch im Weidezaun-Wirrwarr ein ausgeklügeltes System, vom GIL in vielen schlaflosen Nächten erdacht und schließlich in die Tat umgesetzt. So führt nun der GIL seine Isis zum Grasen in immer neue Weidesektoren, verirrt sich nicht selten in seinem eigenen System, kann aber zu guter Letzt mit Stolz behaupten, seine Weidefläche habe völlig ausgereicht für die beiden Zausels, die außerdem rank und schlank aussehen (und damit den in vielen Büchern aufgestellten Normen richtiger Isi-Haltung weitgehend entsprechen).

Der Winter kommt und es kehrt Ruhe ein für die gebeutelte Miniaturweide, die von der Fläche her noch nicht einmal für einen Isi reicht (laut eben schon erwähnter Normen richtiger Isi-Haltung). Die Isis stehen derweil im Winterquartier und fressen das teuer eingekaufte Heu, dem der schlitzohrige Bauersmann etliche Bunde aus seinem Restpostenlager untergemischt hat.

Dann endlich naht ein neuer Frühling und eine ebenso neue Weidesaison. Mensch und Tier freuen sich, nur der GIL zieht beim Anblick seines viel zu kleinen Pferdeweidchens die

Stirn kraus. Dort, wo vor einem Jahr noch viel Grün und wenig Gelb zu sehen war, ist es in diesem Jahr genau umgekehrt. Gelbe Löwenzahnblüten übersäen das Terrain und auch bei genauem Hinsehen ist nicht viel Gras zu erkennen. Panik macht sich breit beim GIL. Wie nur soll er seine Schätzchen vor dem drohenden Hungertod bewahren? Natürlich hat er noch ein paar Bunde Heu liegen, aber das ist nicht die Lösung. Der Löwenzahn muss weg und das Gras muss wieder her! Aber wie?

Wieder klappert der GIL sämtliche Bauern in der Umgebung ab, denn die müssen wissen, was zu tun ist. Dis Summe aller guten Ratschläge schließlich ist einfach und erschreckend zugleich:

»Tja, Junge, da kannste machen nix... Am besten, du legst dir ein anderes Stück Weide zu und siehst, dass du diesen Acker wieder loswirst.«

Just in diesem Moment erfährt der GIL, wie dicht Gut und Böse beieinander liegen können. Denn der Konfrontation mit der grausamen Wahrheit steht urplötzlich das Angebot eines Bauern entgegen, der bereit ist, ein ordentliches Weidestück herzugeben, das er vor einem Jahr noch ums Verrecken nicht verpachten wollte.

Der GIL überlegt nicht lange, schlägt in die hingehaltene Hand ein und beginnt sofort wieder damit, Löcher zu graben, Pfosten zu setzen, E-Band zu ziehen, Hütte zu bauen und Pumpe zu schlagen (sofern nicht andere Wasserversorgung möglich). Für diese und ähnliche Umtriebe bekommen der GIL und seinesgleichen übrigens vom großen Rest normal tickender Menschen jedes Jahr den Ehrentitel »Völlig bescheuerter Zeitgenosse« verliehen. Den GIL kümmert's wenig, ist er doch froh, dass seine Zausel wieder eine Bleibe für den Sommer haben.

Aber schon dräut neues Ungemach am Horizont. Denn die neue Weide ist groß. Riesengroß sogar im Vergleich mit dem Wieschen zuvor. Und das Gras wächst und wächst – schneller als die zwei Isis futtern können. Wieder geht's auf Betteltour zu den Bauern:

»Kannst du wohl unsere Weide abmähen?«

Nach etlichen »Nee's« endlich ein »Ja«. Der GIL ist glücklich. Jedenfalls solange, bis er nach endlosen Wochen und im Angesicht meterhohen Grases feststellt:

»Der hat mich vergessen!«

Also noch mal los, nachfragen und betteln. Tatsächlich lässt sich der gute Bauersmann überreden und schon eine Woche später taucht er auf der Weide auf, um das zwischenzeitlich durch mehrere Gewittergüsse gebeutelte Gras abzumähen. Plötzlich tut sich für den GIL die Chance auf, aus dem abgemähten Gras Heu zu machen. Doch wie nur soll er das notwenige Wenden des Grases durchführen, so ganz ohne Trecker und ohne Heuwender? Wie soll er schließlich das fertige Heu zusammenkratzen und pressen so ganz ohne Schwader und Ballenpresse?

Nein, wehrt der Bauer die fragenden Blicke ab, dazu habe er nun wirklich nicht auch noch die Zeit. War sowieso schon mehr als großmütig, dass er für so'n paar bekloppte Pferdeheinis die Weide gemäht hat, während auf dem Hof die ganze Arbeit wartet.

Mit einem ordentlichen Trinkgeld lässt er sich schließlich beruhigen und tuckert von dannen, während der GIL ratlos vor endlosen Schwaden frisch gemähten Grases steht. Im Schweiße seines Angesichts schiebt und zerrt und kratzt der GIL gezwungenermaßen das Gras nur mit Muskelkraft auf einem Haufen in irgendeiner Ecke zusammen, um es dort sich selbst zu überlassen. Dabei verflucht er den Tag, an dem er vom Schicksal dazu verdonnert wurde, ein GIL zu werden und sich zwei dieser beschissen süßen, knuddeligen Isis anzuschaffen.

Aber der GIL wäre nicht der GIL, wenn er in solch einer Situation einfach aufgeben und von seinen geliebten Isis lassen würde. Vielmehr überfällt ihn ein kühner Gedanke:

Ausgehend von der Tatsache, dass sich für ihn als kleiner GIL die Anschaffung landwirtschaftlicher Großgeräte wie der Kanonenschuss auf Spatzen ausnehmen würde, weiterhin ausgehend davon, dass man sich auf die Bauern in der Umgebung ohnehin nicht verlassen kann und letztendlich ausgehend davon, dass man als GIL sowieso schon in der Kategorie »Vogelfrei« logiert, wäre es doch gar keine schlechte Idee, wenn man so eine Art Weidewirtschaft im Bonsai-Format betreiben würde.

Also besorgt sich der GIL ungeachtet aller Spötteleien eine Motorsense und einen Rasentraktor und macht sich daran, seine Weide derart liebevoll zu hegen und zu pflegen, dass selbst ein Fußballplatz dem Vergleich nicht standhält und daneben wie ein Kartoffelacker wirkt. Ein überaus neugieriges Publikum, welches mit einiger Sicherheit nicht nur aus zwei Isis besteht, säumt derweil die Weidezäune und spendet begeistert Beifall...

Ferien auf dem Reiterhof

Als Pferdehalter bleibt man nicht gern allein! Das ist bei Isi-Haltern nicht anders als bei denen mit den gewöhnlichen Rassen.

So stellten auch wir eines Tages fest, dass die gepflegte Unterhaltung, sofern sie denn nur zwischen Mensch und Pferd stattfindet, sehr schnell sehr einseitig wird – ein recht unbefriedigender Zustand.

Es ist zum Beispiel nicht möglich, vernünftig mit einem Pferd über dessen möglicherweise irgendwann einmal auftretenden Krankheiten und Beschwerden zu reden, geschweige denn über die in solchen Fällen zu treffenden Maßnahmen. Ebenso gibt ein Pferd nur selten Auskunft darüber, welches Mineralfutter es benötigt oder wie es seinen Weidegang gestaltet haben möchte. Nicht einmal den Wunsch nach einem bestimmten Hufbeschlag wird so ein Pferd jemals artikulieren oder gar darauf bestehen, anstatt von einem herkömmlichen Tierarzt von einem Homöopathen, Osteopathen oder sonstigen Pathen behandelt zu werden.

Versucht man, sich mit einem Pferd über derart überlebenswichtige Dinge zu unterhalten (schließlich sollte sich ein mündiges Pferd, sofern es selbst betroffen ist, schon dazu äußern dürfen), erntet man eisiges Schweigen, bestenfalls einige fragende (oder bedauernde?) Blicke. Da sind Isis leider nicht anders! Kein Wunder also, dass man angesichts solch hartnäckiger Schweigsamkeit in Depressionen verfällt.

Wir jedenfalls wollten nicht vereinsamen und hielten unsere Augen und Ohren offen auf der Suche nach Menschen, die unter einem ähnlichen Schicksal litten wie wir. Schon bald war uns das Glück hold. Und zwar an jenem Tag, als der Pferde-Doktor ins Haus kam, um unseren Schätzchen die übliche Impfung zu verpassen.

So ein Tierarzt ist nämlich, genau wie der Postbote oder der Hufschmied, ein Herumtreiber, der auf seinen Reisen viel hört, sieht und erzählt. Unser Doktor zum Beispiel wusste von Isi-Haltern, die nur wenige Kilometer entfernt hinterm Berg wohnten und ebenfalls zu seinen Kunden gehörten. Wir fragten uns, wie es möglich war, so nahe beieinander zu wohnen, ohne sich je begegnet zu sein. Dann fragten wir ihn (den Doktor), ob er uns denn die Adresse dieser liebenswürdigen Menschen (was sollten Isi-Halter denn anderes sein als liebenswürdig?) geben könne. Er tat uns den Gefallen und schon wenige Stunden später waren wir nicht mehr allein mit uns und unseren Isis, sondern aufgesogen in eine kleine, verschworene Gemeinschaft liebenswürdiger (siehe etwas weiter oben) Menschen. Wir brauchten uns nicht länger mit schweigsamen und nur aufs Fressen bedachten Pferden abmühen, sondern konnten ab sofort unsere Sorgen, Nöte, Ängste und Halb-Weisheiten aus dem Bereich der Pferdehaltung mit Unseresgleichen austauschen.

Wir fühlten uns von einer Sekunde zur anderen schlicht sauwohl!

Dieser Zustand des Sauwohlseins verstärkte sich von Tag zu Tag, gipfelte in gemeinsamen Ausritten mit anschließendem gemeinsamen Gelage und dem am Tag darauf folgenden gemeinsamen Beklagen des dicken Kopfes. Die logische Konsequenz solch ausschweifender Gemeinsamkeiten, die, glaubt man den eingehenden Milieustudien, unter Isi-Fans immer wieder auftritt, war der Vorschlag, die Intimitäten auf die Spitze zu treiben und ein gemeinsames Ferien-Wochenende auf einem Isi-Hof zu buchen.

Nun orientiert sich der im Mittelgebirgsraum ansässige Islandpferde-Reiter auf der Suche nach einem geeigneten Reiterhof in der Regel nach Norden, weil er es auch mal gerne schön flach hat. Wir machten von dieser Regel keine Ausnahme und suchten in der Heide. Die Gegend dort ist weitläufig und die Zahl der Isi-Höfe ausreichend, folglich war unsere Suche schnell von Erfolg gekrönt.

An einem sonnigen Spätsommerfreitag im September brachen wir auf, um drei Tage lang die Heide wackeln zu lassen. Unsere Isis mussten zu Hause bleiben (davon sollte es nämlich auf dem Hof in ausreichender Menge geben). Zum Ausgleich hatten wir aber reichlich Lebensmittel im Gepäck – Cola und Fanta für die Kleinen, Bier und Wein für die Großen. Nichts konnte mehr schief gehen bei derart guter Organisation und Laune.

Es funktionierte auch tatsächlich alles gut. Jedenfalls kamen wir gut an, waren entzückt über die wunderbare Lage des Hofes inmitten wildromantischer Baum- und Teichlandschaft und konnten uns gar nicht genug ergötzen an den urigen Ferienwohnungen, die wir bewohnen sollten. Und natürlich die Pferde! Wo wir gingen und standen, stolperten wir über die Objekte unserer Begierden – Isis. Schon in der ersten Stunde unseres Daseins hatten wir uns in einen Rausch der Sinne gesteigert und lebten wie in einer anderen Welt, in einer Welt voller herrlicher Landschaft, voller herrlicher Isis, voller herrlicher Speisen und Getränke und voller herrlicher Gemeinschaft mit herrlichen Freunden unter einem herrlichen Ferienwohnungsdach. Und mit jedem herrlichen Glas Wein (die herrlichen Speisen waren längst verzehrt und die ach so herrlichen Kleinen lagen seit geraumer Zeit in herrlichem Schlummer) wurde alles noch viel herrlicher, bis uns zu früher Morgenstunde die Herrlichkeit schließlich übermannte und uns betäubt in die Himmelbetten warf.

Diese erste Nacht hatte etwas furchtbar Kurzes an sich. Durch vielfältige Geräusche aus dem Schlaf gerissen, stellte ich ziemlich schnell fest, dass die vorabendliche Herrlichkeit einer frühmorgendlichen Furchtbarkeit gewichen war. Ich ahnte, dieser Tag würde nicht mein Tag werden.

Meine Ahnung wurde schon wenig später bestätigt, als ich in die eigenartig ausgeschlafenen Gesichter meiner mitgereisten Freundinnen und Freunde blickte. Ich wusste genau, sie hatten sich am Abend zuvor auch nicht gerade in Zurückhaltung geübt. Warum also waren sie so ekelhaft munter?

Die Antwort darauf entnahm ich ihrem locker-luftigen Geplauder. Alles drehte sich um die Ausritte, die den Vor- und auch den Nachmittag ausfüllen sollten. Und darauf freuten sie sich wahnsinnig! Ich hingegen hatte es bisher irgendwie geschafft, den Gedanken an Pferde und Ausritte zu verdrängen. So, wie es im Moment um mich stand, würde ich dieses Wochenende auch gut ohne jedes Pferd verbringen können. Ein lauschiges Plätzchen und ein Liegestuhl – mehr brauchte und mehr wollte ich nicht. Doch was zählen schon die Wünsche des Individuums, wenn bedingungsloser Teamgeist gefordert ist?

»Mitgefangen, mitgehangen«, hieß die Devise, der ich mich unterzuordnen hatte. Mein lahmes Aufbegehren, mit der Absicht, für mich eine Ausnahme zu machen, wurde durch unseren Gastgeber unterbrochen. Mit einer furchterregenden Vitalität stürmte er in den Frühstücksraum, nur um uns daran zu erinnern, dass wir einen Termin mit ihm und seinen Pferdchen hatten. Darum sollten wir uns doch möglichst umgehend auf dem Hof einfinden, um uns zusammen mit weiteren Verrückten (für mich waren in dem Moment alle verrückt, die daran dachten, auszureiten) unsere Isis für den Ritt auszusuchen.

Ich ließ mich von der daraufhin ausbrechenden Hektik

nicht anstecken. Das brachte mir zwar ausgesprochen missbilligende Blicke meiner besseren Hälfte ein, aber ich hatte nicht nur einen schweren, sondern auch einen Trotzkopf. Ich mochte nicht, und das sollte jeder spüren. Dummerweise interessierte sich niemand für meine Seelenlage. Also kapitulierte ich und fügte mich in mein Schicksal. Schon wenig später aber wurde mir klar, dass ich dieses Schicksal mit einem Leidensgenossen teilen würde. Seinen Namen habe ich vergessen, aber er hatte vier Beine, einen Senkrücken und so was Ähnliches wie eine Mähne. Ein Isi war er zwar, aber nicht unbedingt ein Vorzeigeexemplar. Warum mir unser Gastgeber genau dieses Pferd zuteilte, ist mir bis heute ein Rätsel – entweder es war seine Barmherzigkeit, in der er es nicht übers Herz brachte, mir ein feuriges Ross unter den Hintern zu geben oder, was im Nachhinein einige böse Zungen munkelten, er brauchte eine komische Nummer für sein sensationslüsternes Publikum.

Nun, ich schien so oder so dazu auserkoren, den Don Quichotte zu geben und mein Partner für diesen Tag, ich nenne ihn einfach Rosinante, passte zu mir wie die Faust aufs Auge.

Glücklicherweise war mein Sinn noch nicht wieder klar genug, um alle Vorgänge um mich herum zu registrieren. So blieben mir die entsetzten Blicke herumstehender Menschen (weiß der Geier, was die alle auf dem Hof verloren hatten) verborgen, als ich mit Rosinante aus dem Dunkel des im Schatten hoher Bäume liegenden Paddocks auf den Hof hinaustrat und ich merkte nichts von ihrem Getuschel, als ich mich redlich mühte, meinem Pferd den Sattel aufzulegen.

Erst die erschütternde Nachricht, dass vor dem Ausritt das Schaureiten auf der Ovalbahn anstand, auf dass unser Hausherr die nicht geländetüchtigen Reiter aussortieren könne, ließ mich halbwegs wach werden. Sie war eingetreten, die Horrorversion meines Traums vom Reiten, mein persönlicher Reiter-GAU! Es gab kein Zurück. Panik machte sich in meinem Herzen breit. Mein Gehirn arbeitete fieberhaft (soweit unter den gegebenen Umständen ein Gehirn überhaupt zu arbeiten vermag), aber alle Denkarbeit produzierte nur die eine Frage:

»Wie schaffe ich es, mich nicht zu blamieren? «

Ich schaffte es nicht.

Das Aufstellen mit den anderen in Reih und Glied ging mir, soviel sei zu meiner Ehrenrettung gesagt, noch recht ordentlich von der Hand. Das Aufsitzen gestaltete sich da schon etwas schwieriger. Ich nahm alle meine Kraft zusammen, erinnerte mich schnell noch an die technischen Feinheiten, mittels derer man vernünftig auf einen Isi gelangt (ohne Erfolg übrigens) und dann brach der Hals meines (nicht »meiner«, der Isi war ein Wallach!) Rosinante nach unten weg, kaum, dass ich mich mit der Hand darauf stützte. Jedes einzelne Kilo meines Körpers hatte ich auf diese, meine Hand verlagert, bereit, mich auf Rosinantes Rücken zu schwingen. Stattdessen drohte mir der Absturz in die Tiefe, die mir hinter dem steil abfallenden Mähnenkamm meines Isis entgegengähnte.

Ich hatte Glück und konnte ein Desaster verhindern. Aber meine Turnübungen waren dem werten Publikum ebenso wenig verborgen geblieben wie unserem Gastgeber, der, ganz verantwortungsvoller Reitlehrer, besorgt zu mir herüberschielte und mit ansehen musste, wie sich mein Rest-Selbstvertrauen in Luft auflöste.

Die ganze Schwadron machte nun kehrt und schwenkte auf die Ovalbahn ein. Da das noch im Schritt passierte, genau wie die darauf folgende erste Runde, konnte ich mich innerlich wieder soweit sortieren, dass ich am Schluss dieser Runde glaubte, auch den Rest der Reiter-Selektion zu überstehen.

Aber schon die folgende Gangart, der Trab, machte meine soeben wiedergewonnene Sicherheit im Handumdrehen zunichte. Aus einem entsetzlichen Gangartengewurschtel heraus, das so ziemlich alle möglichen und unmöglichen Schrittfolgen enthielt, derer ein Isi überhaupt fähig ist, fiel mein Rosinante tatsächlich in etwas dem Trab sehr Verwandtes. Da ich genug mit mir zu tun hatte, geschah das natürlich ohne meine reiterliche Hilfe, oder besser gesagt, es geschah trotz meiner krampfhaften Versuche, helfend auf Rosinante einzuwirken.

So hoppelten wir denn unsere Runde, während der sich meine Knie wieder auf dem Weg hin zu meiner Kinnspitze befanden. Das änderte sich nicht im Galopp und auch nicht im Tölt, denn der fand bei meinem Rosinante erst gar nicht statt.

Im Nachhinein betrachtet war ich froh, als diese Demonstration reiterlicher Unfähigkeit ihr Ende fand und ich war ebenso froh, dass ich mich am Abend ausgiebig rechtfertigen konnte, indem ich dem »alten Klepper« die Schuld gab und meinem körperlichen Zustand und unserem Gastgeber und dem sensationsgierigen Publikum und, und, und...

Zeit genug, mir meine Rechtfertigung zurechtzulegen hatte ich ja. Denn den Ausritt bestritten die anderen. Ich hingegen durfte mich, wie ich es mir erträumt hatte, im Liegestuhl entspannen – jedoch erst, nachdem mir vom Stalljungen eine Einzel-Reitstunde in einem abgelegenen Winkel des Hofes erteilt worden war.

Isis im Gemeinderat

Politik funktioniert ganz einfach – solange man die Politiker in Ruhe ihre Politik machen lässt. Egal, ob große Weltpolitik oder Dorfpolitik.

Doch wehe, wehe, ein unvorhergesehenes Ereignis stört die Politiker in ihrer Ruhe, die sie zum Politikmachen brauchen. Das ist dann ganz schlecht und man nennt es ein Politikum.

Ein Politikum ist der Inbegriff alles Unangenehmen, das einem Politiker widerfahren kann. Denn er wird plötzlich aus seiner gewohnten Ruhe aufgeschreckt und soll handeln. So etwas ist der Gesundheit abträglich, treibt es doch den Blutdruck unnötig in die Höhe.

Wenn dann eines schönen Tages, unangemeldet, sozusagen aus heiterem Himmel, zwei Islandpferde die politische Dorfbühne betreten, dann ist das nicht nur ein Politikum ersten Grades, sondern auch noch ein Kuriosum. Ein Politiosum also, das seinesgleichen sucht.

Ich will nicht um den heißen Brei herumreden – es waren unsere beiden Schätzchen Hördur und Nonni, die, ahnungslos, wie es Isis nun einmal sind, auf das weite Feld hoher Dorfpolitik galoppierten und dort kurzfristig beträchtlichen Flurschaden anrichteten. Zugegeben, sie taten das nicht aus eigener Initiative heraus, sondern auf unsere Veranlassung hin. Uns als Besitzer traf demnach eine gewisse Mitschuld, wenngleich wir die Folgen unseres Tuns weder beabsichtigt noch erahnt hatten. Soweit die rechtliche Ausgangslage.

Und so kam es zu besagtem Politiosum:

Jedes Dorf hat neben einer Umgehungsstraße, einer Fußgängerampel und einem Aldi-Markt auch einen halbwegs brauchbaren Sportplatz. Der ist wichtig, damit der örtliche Fußballverein eine Stätte zum Verlieren hat. Viel wichtiger aber als der Fußballplatz ist der Festplatz oder die Festwiese. Dieser Platz, respektive diese Wiese, befindet sich meist an der Dorfperipherie und besteht entweder aus Schotter oder aus Gras. Benutzt wird der Platz in der Regel als weites Betätigungsfeld für die Gemeindearbeiter, die hier umfangreiche Instandhaltungsarbeiten verrichten, wie zum Beispiel Schlaglöcher mit Schotter oder Bitumen auffüllen, Unkraut-Ex versprühen und dergleichen mehr. Handelt es sich bei dem Platz um eine Grünfläche, so muss Gras gemäht werden.

Nun findet dieses Treiben nicht etwa deshalb Jahr für Jahr statt, um die Gemeindearbeiter vor Langeweile zu bewahren. Oh nein! Es zielt alles ab auf dieses eine Wochenende, an dem turnusgemäß alle fünf Jahre das Jubiläum des Männer-Gesangsvereins, des Fußballvereins oder der freiwilligen Feuerwehr zu feiern ist. Zu diesem Zwecke wird dann auf dem Festplatz ein riesiges Festzelt aufgebaut und es wird ordentlich einer drauf gemacht. An besagtem Wochenende regnet es meist heftig und hinterher sieht der Platz aus wie Sau! Danach haben die Gemeindearbeiter dann wieder fünf Jahre Zeit, alles herzurichten und in Ordnung zu halten für die nächste Fete.

Meine Frau und ich, Isi-Besitzer, Steuerzahler und Freunde der Gemeindearbeiter, versuchten eines Tages, diese drei Eigenschaften unter einen Hut zu bringen.

»Es muss doch möglich sein«, so sagten wir uns, »den armen Männern etwas Gutes zu tun, ebenso wie unseren Isis.«

Und natürlich fanden wir, es wäre an der Zeit, auch einmal Nutznießer des Festplatzes zu sein. Da wir besagte Jubiläumsfeiern für gewöhnlich mieden, mussten wir den Gegenwert für gezahlte Steuern eben auf anderem Wege eintreiben. Die Idee dazu ergab sich beinahe zwangsläufig in einer jener Frühsommerwochen, als wir noch auf der Suche nach eigenen Weideflächen waren und nicht genau wussten, wie wir unsere Isis über die Weidesaison bringen sollten. Da lachte uns der Festplatz geradezu an, leuchtete in fettem, sattem Grün, gesprenkelt mit wunderschönen gelben Löwenzahntupfern.

Eine Schande, dieses Gras dem Mäher der Gemeindearbeiter zu opfern! Eine Verschwendung von Rohstoffen und Steuergeldern, sollten die Mannen vom Bauhof tatsächlich aktiv werden! Meine Frau also, ganz in ihrem Element, eilte und erklärte sogleich dem Chef der Bauhof-Truppe unser uneigennütziges Vorhaben mit allen seinen positiven Konsequenzen. Schon Minuten später hatte sie die theoretischen Vorarbeiten sehr erfolgreich zum Abschluss gebracht. Ich hingegen geduldete mich noch zwei Wochen, um dem Gras Zeit zum Reifen zu geben. Dann begann ich meinen Teil an der Arbeit. Zu diesem Zweck besitze ich einen kleinen Handkarren (der eigentlich ein Fahrradanhänger ist, aber mangels einer Kupplung an sämtlichen familieneigenen Fahrrädern mit der Hand bedient wird). Den Karren also belud ich mit dem Standardmaterial, welches jeder gut sortierte Isi-Halter sein Eigen nennt, nämlich mit einem Dutzend Weidezaunstangen in Weiß, etwa einsfünfzig lang, weiterhin mit den Resten von zweihundert Meter E-Band (im Bedarfsfalle ist immer nur ein Rest vorhanden, nie eine komplette Rolle), ebenfalls weiß und ungefähr zwei Zentimeter breit. Dazu kamen noch drei Torgriffe, Spontankäufe auf der letzten »Jagd und Pferd-Messe« in Hannover, die bisher keine Verwendung gefunden hatten. Und natürlich eine Schere! Eine Schere ist unheimlich wichtig für die Arbeit mit E-Band, weil, wenn man sich anschickt, überall in der Landschaft seine Wanderweiden aufzubauen, dann ist dieses Areal nie so beschaffen, dass es genau mit den zweihundert Metern Band oder einem Vielfachen davon zusammenpasst. Irgendwo muss man den goldenen Schnitt machen, da führt kein Weg dran vorbei. Dadurch entstehen übrigens die besagten Reste (siehe etwas weiter oben). Also, Schere muss sein!!

Etwas Draht und ein kleiner Bolzenschneider, eine Zange, ein Hammer sowie ein paar Nägel gehören als nette Beigaben zu meiner Ausrüstung und ich hatte sie selbstverständlich auch bei dem anstehenden Unternehmen dabei. Ebenso natürlich ein E-Gerät. Ich entschied mich für das immer noch funktionstüchtige Monstrum Marke »Bullen-Tod« das ich, wie einige andere, mittlerweile aber an Altersschwäche eingegangene Geräte, den Bauern der Umgebung abgeschwatzt hatte. E-Geräte kann man nie genug haben! Immer, wenn man sie am dringendsten braucht, funktionieren sie nämlich nicht. Gut, wenn man dann auf Ersatz zurückgreifen kann!

Derart aufgerüstet schob ich also meinen Handkarren aus unserer Hofeinfahrt hinaus in Richtung Festwiese. Schon meine ersten Schritte wurden verfolgt von argwöhnischen, lauernden Blicken hinter ungewaschenen Gardinen. Ich störte mich nicht daran und dachte mir auch nichts dabei, denn diese Blicke gehörten zu unserem Alltag, seit die Isis bei uns Einzug gehalten hatten. Wir waren seit jenem Tag ohnehin die spinnerten Exoten, belächelt, beneidet. Und sicher waren wir mit Vorsicht zu genießen!

»Wer mitten im Dorf hinter seinem Haus, dort, wo anständige Menschen ihren Rasen pflegen, ihre Rosen und Gurken züchten, Islandpferde hält, dem sind auch weit schlimmere Sachen zuzutrauen«, so sprach es aus den Blicken unserer Mitmenschen.

Sollte es nur sprechen! Wir hatten jedenfalls unseren Spaß mit den Isis, während sie sich mit Gardinen begnügten.

Ich nahm den kürzesten Weg und erreichte die Wiese dort, wo sie sich, eingerahmt von dichten Sträuchern, vor der Öffentlichkeit verbarg. Nur ein schmaler Trampelpfad gewährte mir Zugang und ich zwängte mich mit meiner Handkarre durch das wuchernde Strauchwerk. Zur anderen Seite hin öffnete sich die Wiese zu den ersten Wohnhäusern des Dorfes, der Ortsrandlage sozusagen. Hier verschmolzen die Gärten der Grundstücke beinahe mit der Festwiese, wären sie nicht durch hohe Maschendrahtzäune und einen Schotterweg nebst dazugehörigem Abwassergraben von ihr getrennt gewesen.

Wie armselig wirkten sie doch, diese Hausgärten mit ihren nagelscherengepflegten Rasenflächen! Wie üppig und satt präsentierte sich dagegen die Festwiese – **meine** Wiese – mit ihren hohen, blühenden Gräsern und ihren federgleichen Pusteblumen!

»Da sieht man mal, wie ein kleines Stückchen Erde sich doch entwickeln kann, wenn es nicht totgepflegt wird«, dachte ich und freute mich wie verrückt am Anblick »meiner« wunderbaren Weide.

Vielleicht hätte ich zwischendurch etwas genauer zu den Gärten jenseits des Schotterweges schauen sollen! Vielleicht hätte ich dann etwas von dem Gewitter gespürt, das sich hinter den Maschendrahtzäunen zusammenbraute. Denn, so weiß ich heute, es ist nicht jedermanns Freude, sich und seinen Rasen den drohenden Attacken von Heerscharen kleiner Fallschirmjäger aus der Löwenzahnfamilie ausgesetzt zu sehen. Ganz sicher wurden bereits Vergeltungsschläge geplant, hinter den Gardinen, den schmutzigen. Sicher wurden mir, den Isis, der Wiese und den Gemeindearbeitern bereits die Pest an den Hals gewünscht – wie auch immer, ich ahnte es nicht einmal, dankte stattdessen dem Herrgott dafür, dass er so wunderbares Futter hatte wachsen lassen und steckte eifrig mein Areal ab, auf dem meine Isis sich die Bäuche voll schlagen sollten.

Tags darauf führten wir unsere hungrigen Lieblinge zur Festwiese zum Festessen. Kaum hatten wir die Lücke im Strauchwerk durchbrochen, meine Frau mit Hördur vorneweg, hörte ich auch schon ihren spitzen Entsetzensschrei, ehe ich noch einen Blick auf das werfen konnte, was sie so bewegte:

»Was hast du dir denn da zusammengebaut?«, ereiferte sie sich über meine Weidebaukünste. Ich stutzte, drängte an ihr vorbei und dann erblickte auch ich das Grauen: Nichts an meiner Weide-Einfriedung war mehr so, wie ich sie noch tags zuvor in liebevoller Kleinarbeit hergerichtet hatte. Die Stangen ragten in jämmerlichen Verrenkungen kreuz und quer in die Landschaft oder lagen gänzlich am Boden. Das E-Band machte nicht mehr annähernd den Eindruck, als ob ich es vernünftig gespannt hätte. Wie konnte meine Frau da nur annehmen, dass ich eine solche Pfuscharbeit abgeliefert hätte!

»Das war ich nicht«, stammelte ich betroffen.

Mehr fiel mir nicht ein. Brauchte es allerdings auch nicht. Denn noch während meine Frau die Pferde am Halfter hielt und ich mich bemühte, in aller Eile den Schaden zu reparieren, näherte sich die einzig mögliche Erklärung für das Weidezaundesaster auf zwei heftig ausschreitenden Beinen, mit hochrotem Kopf und einem Hund Marke »Flaschenbürste« im Schlepptau.

»Das ist ja wohl das Letzte!« keuchte die hochrote Erklärung mit kratziger Stimme, »wie kommt ihr dazu, auf unserer Festwiese eure blöden Gäule fressen zu lassen?«

Wir waren wie vom Donner gerührt, zu keiner Antwort fähig. Das nutzte das aufgebrachte Menschenwesen, das wir zwar als Anrainer der Festwiese identifiziert hatten, mit dem wir uns aber definitiv nie vorher geduzt hatten, um weitere Attacken zu reiten:

»Das ist eine öffentliche Wiese! Da habt ihr gar nichts zu suchen! Macht bloß, dass ihr abhaut, sonst werden hier andere Saiten aufgezogen!« Das Wesen japste nach Luft. »Nein, so was! Unverschämt!« fügte es noch hinzu, ehe ihm endgültig die Puste ausging.

Das gab meiner Frau die Gelegenheit zu einer deutlichen Erklärung:

»Wir haben die Erlaubnis, die Pferde hier grasen zu lassen. Und überhaupt, machen Sie uns bloß nicht so an, ja?«

Oh, meine Frau konnte auch ganz schön ...! Das spürte dieser cholerische Hundehalter sofort, wahrscheinlich aber roch er ebenso die Angriffslust, die wir nach überstandenem Schock ausstrahlten. Er trat einige Schritte nach hinten:

»Das wird ein Nachspiel haben, das sage ich euch!« tobte er im Zurückweichen.

»Und wie die stinken«, keifte es plötzlich.

Die Gattin des hundehaltenden Festwiesen-Anrainers hatte sich unbemerkt herangeschlichen in dem Glauben, sie müsse ihrem Angetrauten Beistand leisten.

»Wer stinkt?« knurrte ich.

»Na die da! Diese, diese ... Pferde!«

»Pferde stinken nicht«, fauchte meine Frau, »höchstens der Misthaufen bei Ihren Erdbeerrabatten.«

Ich wunderte mich. Woher hatte sie nun schon wieder das Wissen um diesen Misthaufen? Egal, auf jeden Fall erwies er sich als K.O.-Argument.

»Das ... das ... das ist doch ...«

Wir erfuhren nicht mehr, was der Flaschenbürsten-Halter und seine Gattin erwidern wollten, denn noch während sie nach Worten suchten, trollten sie sich eilends zu ihrem Grundstück hin und wir konnten ihnen nur staunend und fassungslos nachschauen.

»Weißt du übrigens, dass er im Gemeinderat sitzt?« fragte meine Frau mich nach einer geraumen Zeit ungläubigen Innehaltens. Sie wusste schon immer mehr über die Leute als ich.

»Na Mahlzeit«, antwortete ich, »dann kommt ja noch was auf uns zu…«

Wir sahen uns an und uns war klar: Wir hatten soeben ein Politiosum geboren.

Trotz dieses Wissens tat sich tagelang nichts. Trügerische Stille lag über uns, unserem Heim und vor allen Dingen über unserer Festwiese, die Hördur und Nonni frohgemut bis an die Wurzeln abnagten.

Eines Tages jedoch begegnete uns der Samtgemeinde-Bürgermeister, Herr über sieben Ortsteile und leidenschaftlicher Radfahrer. Immer wieder mal sahen wir ihn von nah oder fern dahinradeln, aber nie hatten wir bisher näheren Kontakt mit ihm gehabt. Den einen oder anderen freundlichen Gruß hatten wir ihm zugerufen, mehr nicht. Heute jedoch steuerte er sein Drahtvehikel auf uns zu, gerade, als wir unsere Schätzchen zur Weide führten.

»Hallo Familie Lange«, rief er freudig erregt, »haben Sie einen Moment Zeit? Ich muss Ihnen was sagen.«

Wir hatten selbstverständlich Zeit! Wenn man vom Samtgemeinde-Bürgermeister auf offener Straße angesprochen wird, hat man einfach Zeit zu haben!

»Gestern war eine nichtöffentliche Gemeinderats-Sitzung«, teilte er uns ohne lange Vorrede mit.

Wir sahen uns an. Soweit musste Demokratie nun wirklich nicht gehen, dass Bürger in freier Wildbahn über kommunalpolitische Interna unterrichtet wurden. Dennoch machte uns die Eröffnung neugierig.

»Es ging um Sie und Ihre Pferde«, stillte er sogleich unsere Neugier. »Es gab einen Antrag, mit dem wir uns beschäftigen mussten.«

Wir ahnten es:

»Unsere Isis dürfen nicht mehr auf der Festwiese fressen!«, nahmen wir das Ergebnis vorweg.

»Falsch«, entgegnete Herr Samtgemeinde-Bürgermeister und freute sich über unsere Fehleinschätzung, »ganz falsch! Sie dürfen weiterhin fressen. Und wissen Sie, wie wir das begründet haben?«

»Na?« Wir waren ganz Ohr.

»Ganz einfach. Wir wohnen in einem Dorf. Und zu einem Dorf gehören nun einmal Tiere. Logisch, nicht?«

Wir waren zutiefst beschämt. Wie hatten wir bisher nur so schlecht von Politikern reden können! Diese Entscheidung jedenfalls lehrte uns: Auch Politiker können denken. Sie haben zuweilen sogar richtig gesunden Menschenverstand! Wir werden jedenfalls unsere Politikverdrossenheit ablegen und wieder wählen gehen. Merke: Wer unseren Isis Gutes tut, dem tun auch wir Gutes!

Messe-Mania

Es passiert jedes Jahr. Immer zur selben Zeit. Ungefähr im Herbst, so Anfang bis Ende Oktober. Dann werden bei uns alle anderen Vorhaben, teilweise schon Monate im Voraus geplant, über den Haufen geworfen. Und nur, um diesen einen Termin, den Termin schlechthin, wahrnehmen zu können. Dabei sagen wir uns immer schon um Neujahr herum und auch in den darauf folgenden Monaten:

»Nein«, sagen wir, »nein, dieses Jahr werden wir nicht hinfahren. In diesem Jahr werden wir unsere Zeit und unser Geld mal für Dinge opfern, die wir schon lange machen wollten und immer wieder verschoben haben.«

Doch dann geht der Sommer zu Ende und dieses leichte Kribbeln beginnt. Wir blicken in die treuherzigen Augen unserer zwei heiß geliebten Isis und wissen sofort: Eine neue Abschwitzdecke ist vonnöten, neue Halfter wären auch nicht schlecht. Die Satteldecken sind schon lange reif für die Mülltonne und ein Eimerchen Kräuterfutter Marke »Husten-Schreck« (für die schmuddelige Jahreszeit) muss ebenfalls sein.

Kurz und gut, wir fahren, wie jedes Jahr, nach Hannover zur Messe **»Jagd und Pferd«**.

Natürlich fahren wir nicht allein! Das geht schon deshalb nicht, weil so eine Messe kein Zahnarzt-Besuch ist und auch kein Kirchgang. Eine Pferde-Messe ist ein Event, vergleichbar einem Altstadtfest oder einem Open-Air-Konzert. Da rottet man sich zusammen und macht eine Riesen-Fete draus.

Das beginnt bereits Wochen vorher. Eine Gemeinschaftsveranstaltung dieser Größenordnung will schließlich gut geplant sein. Zuerst treffen wir uns (wir, das sind unsere Freunde von der Isi-Fraktion aus dem nahen Umland) wie jedes Jahr gemütlich und vollkommen relaxed sonntagnachmittags bei Kaffee und Kuchen und diskutieren stundenlang über den Termin, der zum »Messetag« erkoren werden soll. Mehrere Kannen voll Kaffee braucht es schon, ehe wir alle Messeteilnehmer unter einen Hut gebracht haben. Dann gehen wir auseinander in der Gewissheit, dass es auch in diesem Jahr wieder ein richtig netter Ausflug wird. Natürlich steht schon der Termin für das nächste Vorbereitungstreffen fest. Das ist wie immer der folgende Abend. Man muss schließlich jede Gelegenheit für ein gemütliches Treffen unter Freunden nutzen. Nur ein Stündchen wollen wir uns bei einem Bierchen zusammensetzen und die Reisemodalitäten abklären.

Wie immer werden aus dem Stündchen ein paar Stunden und der Ausblick auf den nächsten Arbeitstag, sofern denn überhaupt noch möglich, mutiert zur Horrorvision. Das Ergebnis der Zusammenkunft hingegen bringt (das war vorauszusehen) keine neuen Perspektiven, es wird gemacht wie schon die Jahre zuvor: Wir fahren mit der Bahn im günstigen Gruppenreise-Tarif. Das spart Geld (welches wir auf der Messe dann hemmungslos verjubeln können) und beschert uns eine wunderbar beschauliche Fahrt mit der Regionalbahn. Denn das ist der Reiz an so einer Gruppenreise zur Messe: die Bahnfahrt, auf der Erinnerungen an weit zurückliegende Klassenfahrten wach werden und mit zunehmender Fahrzeit auch die Verhaltensmuster aus jener vergangenen Zeit neu erblühen.

Die Tage bis zur Messe überbrücken wir mit unzähligen weiteren Zusammenkünften, die im Wesentlichen die inhaltliche Gestaltung des Messetages zum Thema haben. Das heißt, es gibt eigentlich nur eine Frage zu klären:

»Was willst du dir denn kaufen?«

Am Ende der Vorbereitungsphase schließlich hält jeder Teilnehmer der Messe-Expedition einen ellenlangen Einkaufszettel in der Hand, dessen Inhalt das Ergebnis eines äußerst gesunden Konkurrenzdenkens ist. Wie immer haben wir es geschafft, uns mit unseren Einkaufswünschen gegenseitig zu toppen bis an die Grenze der finanziellen Belastbarkeit. Erschöpft, aber glücklich sehen wir dann dem großen Tag entgegen – dem Messetag!

In aller Herrgottsfrühe, frierend, die Augen trüb und der Kopf benebelt (von zu wenig Schlaf, wohlgemerkt), schleichen wir auf dem Bahnsteig unserer kleinen Dorf-Haltestelle auf und ab, die stumme, bange Frage auf den Lippen:

»Kommt er oder kommt er nicht.«

Mit jeder Minute wird die Nervosität größer, es schwindet nicht nur der Nebel aus unseren Köpfen, sondern auch unsere Fresspakete, eigentlich gedacht für den ganzen Tag, finden schon jetzt den Weg zu ihrem Bestimmungsort, weil einige der Expeditionsteilnehmer meinen, ihre Unruhe nur durch exzessive Nahrungsaufnahme eindämmen zu können.

Bevor unsere Vorräte ganz aufgebraucht sind, kommt er dann doch, der Zug. Zum Glück! Und sogar halbwegs pünktlich, so dass wir höchstwahrscheinlich den Anschlusszug erreichen – wenn in den nächsten zehn Minuten nicht noch der Triebkopf explodiert, ein Signal versehentlich auf Dauer-Rot gestellt ist oder der Lockführer in einen Bummelstreik tritt. Hoch lebe die deutsche Bahn!

Später im Anschlusszug, dem Regionalexpress (der an jeder Milchkanne hält) nach Hannover, löst sich unsere Spannung, die Stimmung wird immer ausgelassener und das Abteil gehört uns bald ganz allein.

Das ändert sich erst wieder in Hannover am Hauptbahnhof beim Wechsel von der Bimmelbahn zur U-Bahn. Tausende und Abertausende von Messe-Pilgern quetschen sich mit uns durch die Waggontüren in der Hoffnung auf einige Quadratzentimeter Stehplatz. Noch vor Antritt unserer Reise hatten wir uns geschworen:

»Wir wollen niemals auseinander geh'n.«

Doch in diesem Gewühl werden sogar Schwüre Makulatur.

Ein wenig durchatmen können wir erst wieder, als wir vor den Fassaden der Messehallen aus der U-Bahn gedrängt werden. Auf dem Platz vor dem Eingangstor finden wir zueinander zurück, um uns gleich darauf im Gewühl vor den Kassen erneut zu verlieren. Doch schon wenig später, wir haben soeben das letzte Hindernis, die Damen und Herren Eintrittskartenkontrolleure, hinter uns gelassen, eröffnen wir die Jagd mit einem herzhaften »Halali!« Logisch, denn vor das Ziel unserer Träume hat die Messeleitung die Halle der Waidmänner und -frauen gesetzt. Und die gilt es im Wildschweinsgalopp zu durchqueren.

Dann endlich – endlich haben wir sie erreicht: die Messe »Pferd«. Wie gesagt, die Messe »Jagd und« haben wir gerade hinter uns gelassen und interessiert hat die uns sowieso nie. Wäre auch etwas daneben, wo der Waidmann doch der natürliche Feind des Reiters ist.

Wie gebannt, die Augen und Nüstern geweitet, stehen wir und versuchen, alle sichtbaren und riechbaren Eindrücke in uns aufzunehmen. Es sind ganz wunderbare Lockstoffe, die dort von jedem Stand ausströmen, sich in unsere Sinne schleichen und flüstern:

»Kauf mich ... kauf mich ...«

Völlig benebelt traben wir los, verteilen uns in alle vier Winde und denken nicht daran, dass wir uns ja irgendwann einmal zu einem Gemeinschaftstrip aufgerafft haben. Ich schaffe es gerade noch, mich an die Fersen meiner Frau zu heften. Wenigstens sie möchte ich an meiner Seite haben, wenn

»He, Nonni! Schnell, sieh' doch mal, es geht wieder los ...

... unser Freund Tom frisiert die Weide mit seinem Mini-Mähwerk. Hoffentlich lässt er noch was für uns übrig!«

Zu Besuch bei unseren Freunden vom »Michelshof« in Neu-Eichenberg (Hessen).

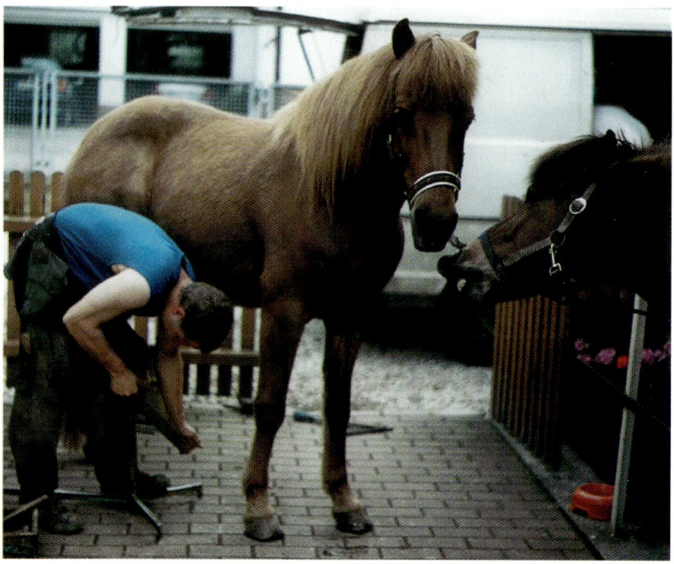

»Na Kumpel, hab' ich's nicht gesagt? Diese Maniküre ist einfach klasse!«

mich die Begierden übermannen. In diesen Hallen gelten eben ganz eigene Gesetze!

»Kauf mich ... kauf mich ...«

Ich bin immer wieder erstaunt, wie armselig ich (aus reiterlicher Sicht) ausgestattet bin. Und wenn ich nicht schon am ersten Stand eine neue Reithose und neue Reitschuhe kaufe, liegt das schlicht und einfach daran, dass ich aus dem Augenwinkel heraus nur zwei Stände weiter das gleiche Angebot erspähe, aber zu einem günstigeren Preis. Ich reiße mich also los und steuere die Konkurrenz an, nur um an diesem Stand weitere brauchbare Dinge zu entdecken, die am übernächsten Stand zum gleichen Preis, aber in offensichtlich besserer Qualität angeboten werden.

Ehe ich den Überblick verliere auf meinem Schlingerkurs, fasst sich meine Frau ein Herz und danach mich am Arm und zerrt mich in eine ganz andere Richtung. Sie hat einen Kräuterdoktor entdeckt und fühlt sich gleich darauf inmitten verschiedenster Kräutermischungen wie im Pferdeparadies. Ich zucke hilflos mit den Schultern. Sie kann ja auch nichts dafür, dass sie so vernarrt ist in alles, was auf natürlichem Wege der Gesundheit unserer Isi-Schätzchen zugute kommt. Und ich kann nichts dafür, dass mich der ganze Kräuter-Krimskrams überhaupt nicht juckt. Zum Glück gibt es ein gemeinsames Ziel, das es anzusteuern gilt, und daran erinnere ich sie: Das Isi-Dorf! Meine Kräuter-Gattin zeigt sich einsichtig und gemeinsam machen wir uns auf die Suche nach unseren »Sagenhaften aus Feuer und Eis«.

Natürlich gibt es im Isi-Dorf ein mit lautem »Hallo« untermaltes Wiedersehen mit dem Rest unserer Reisegruppe. Und sogleich machen wir uns daran, die einzelnen Stände zu überfallen. Zum Glück sind wieder alle die Aussteller da, die wir schon von früheren Messen kennen oder auf deren Höfen wir schon mal einen Isi kaufen wollten oder einen Reitkurs buchen wollten oder ein Ferienwochenende genießen wollten ... Man kennt sich eben in der Isi-Szene und das sollen sie auch alle merken, die anderen, die Nicht-Insider, die respektvoll-neugierig um uns und unsere Stand-Betreiber-Freunde herumschleichen und uns als Isi-Leute mit entsprechendem Pferdeverstand outen.

Dann plötzlich, noch ganz im allgemeinen, nichtssagend-fachkundigen Palaver vertieft, packt er uns – der Kaufrausch! Wussten wir bis zu diesem Augenblick noch nicht, dass wir eine Reithose, ganz aus Leder (beste Ware – da macht man sonst Couchgarnituren draus) benötigen, so werden wir hier im Isi-Dorf eines Besseren belehrt. Der Geheimtipp kommt von einem der befreundeten (zumindest weitläufig bekannten) Standbetreiber und befindet sich gleich um die Ecke, klein und unscheinbar. Wenig später ist unsere Reisegruppe neu eingekleidet und könnte (ab Gürtellinie abwärts) an einem Rocker-Treffen teilnehmen.

Derart von Hemmungen befreit, stürzen wir uns auf weitere Lustobjekte, als da sind: Lederhüte (australische Machart), Wachstuch-Hüte (britisch) und Wachstuch-Regenmäntel, wie sie die Cowboys (oder heißen die Sheepboys?) im australischen Outback tragen. Wir werden diese Dinge gut gebrauchen können in unseren verregneten Breiten, wir, die wir beim kleinsten Regentropfen unseren Hintern lieber an den warmen Kachelofen, denn auf einen Pferderücken pressen.

Und da wir einmal so schön in Gang gekommen sind, lösen wir uns als Gruppe wieder auf und gehen getrennt auf Trophäenjagd. Meine Frau kauft endlich ihre Kräuter und ich meine Reitschuhe. Leider bekommt unser Portemonnaie bei dieser exzessiven Kauforgie galoppierende Schwindsucht und wir laufen Gefahr, uns nicht einmal mehr eine Cola leisten zu können, um unseren hochdrehenden Gemüts-Motor etwas abzukühlen.

Weiß der Geier wie, aber wir schaffen es, dem Wahnsinn zu entkommen, ehe wir ihm total verfallen. Wir investieren zum Ausklang noch in einige Meter E-Band, ein paar Torgriffe und Isolatoren (damit ich wieder fleißig Zaun bauen kann und nicht etwa faul vor dem Fernseher sitze), in eine neue Satteldecke und in eine neue Gerte. Die brauchen wir nun wirklich dringend! Es war schon nicht mehr mit anzusehen, wie meine Frau sich vor jedem Ausritt irgendwo ein Ästchen vom Baum brechen musste – als Gertenersatz!

Nach der Gerte kommt der große Hunger. Es war vorauszusehen! Nun gut, steuern wir wieder mal die üblichen Messe-Restaurants an. Stellen wir wieder mal fest, dass tausende und abertausende anderer Messebesucher die gleiche Idee hatten, nur eben Sekundenbruchteile eher als wir. Stellen wir weiterhin fest, dass die Preise wie immer aus dem Reich der Giganten stammen, die Speisen hingegen dem Mikrokosmos der »Haute Cuisine« entlaufen sind.

Aber wir resignieren nicht! Warum auch? Wissen wir doch von den Milchbars, die uns schon in den Jahren zuvor aus höchster Hungersnot befreit haben. Joghurtbecher mit Sauerkirschen, Milch-Shake, Rote Grütze, Eiskaffee – eine Speisekarte, die selbst hartgesottene Biertrinker zu Milchbubis werden lässt. Und jeder Becher schmeckt nach mehr! Erst nach der vierten, fünften Bestellung markieren mahnende Stimmen aus dem Darmbereich wie auch aus dem Munde der geliebten Gattin ein jähes Ende der Orgie mit links- oder rechts- oder sonst wie drehenden Joghurt-Kulturen.

Der Höhepunkt des Tages steht allerdings noch bevor. Ein Besuch in der Show-Arena ist Pflicht am Ende unseres Messetages. Auf den Tribünen-Bänken treffen wir alle unsere Mitreisenden wieder. Wir sammeln uns, rücken dicht zusammen, werden begeisterte Fans. Nicht gleich, nicht sofort, denn zunächst stimmen wir uns ein, üben freundliche Zurückhaltung beim Vorprogramm aus spanischer Reitschule, netten Dressurakten, Kutschfahrerakrobatik und ähnlichen Darbietungen. Aber mit jeder neuen Nummer steigert sich unsere Spannung, überkommt uns ein Kribbeln der besonderen Art. Und dann fallen sie in die Arena ein wie nordische Donnergötter:

Die Isis!!

Wir werden jung, wir werden verrückt, wir vergessen uns. Klatschen, Kreischen, Trommeln mit den Füßen! Sind wir das wirklich noch? Scheißegal! It's Show-Time und die paar Nieselpriems, wahrscheinlich Großpferde-Leute, die uns so missbilligend beäugen, die können uns mal. Was sind deren hochbeinige Dreigänger schon gegen einen »Mozart«, den Barbie-Isi mit dem einzigartigen Tölt? Können die das denn auch mit ihren kurzmähnigen Elfen – im Rennpass die Arena durchpflügen, als wäre eine wildgewordene Kompanie Hornissen hinter ihnen her? Nee, können sie nicht. Werden sie nie können! Da bleibt halt nur der blanke Neid auf die Knuddels dort unten im Parcours und auf uns, die wir diese Knuddels besitzen und lieben!

Als wir später wieder im Zug sitzen (dem regionalen, der an jeder Milchkanne...), ist die Euphorie einer seligen Erschöpfung gewichen. Wir haben uns verausgabt bis zum Letzten. Wie jedes Jahr. Wir krallen uns an unsere Mitbringsel und schweigen in die stickige Luft des vollbesetzten Waggons hinein. Mit trüben Blicken geben wir uns zu verstehen:

»Nein, nächstes Jahr werden wir nicht hinfahren. Nächstes Jahr werden wir unsere Zeit und unser Geld mal für Dinge opfern, die wir schon lange machen wollten und immer wieder verschoben haben.«

Drottning

Die Erde und alles, was darauf kreucht und fleucht, ist einem ständigen Entwicklungsprozess unterworfen. Ein ewiges Werden und Vergehen. Ein Wachsen und Verwelken. Das ist Naturgesetz.

Tun wir einmal so, als gäbe es das Vergehen und Verwelken nicht. Dann bleibt die weitaus schönere Seite des Lebens, nämlich das Werden und Wachsen. Und wenn wir uns nun diese durchaus mutmachenden Lebenskomponenten einmal etwas genauer betrachten, so werden wir feststellen, dass sich auch der islandpferdebegeisterte Freizeitreiter dem Wachstumsprozess nicht entziehen kann. Auch dann nicht, wenn er sich als bekennender Autodidakt in Sachen Reiterei bisher jeglicher fachlichen Schulung geschickt entzogen hat.

Es ist also durchaus zu erwarten, dass aus dem verkrampft zusammengekauerten Nervenbündel hoch oben auf dem Rücken seines Isis mit dem Stockmaß von Einmeterzweiunddreißig nach anfänglichen, stümperhaften Reitversuchen, gepaart mit heftiger Angst, ein Reiter wird, der sein Tier mit einer gewissen Lockerheit in mindestens zwei Grundgangarten und dazwischengestreuten Anflügen von Trab und Tölt durch die Landschaft lenkt. (Das war ein Satz, was?)

Die Lockerheit dieses Reiters nimmt von Mal zu Mal zu, ebenso sein Selbstbewusstsein, bis hin zur Überheblichkeit. Er ist mittlerweile davon überzeugt, dass er jedes Islandpferd, das man ihm unter den Allerwertesten schiebt, beherrscht. Also sucht sich der selbstbewusste Islandpferdefreizeitreiter, unbelastet von jedweder Reitkurs-Erfahrung, neue Herausforderungen. Das eigene Pferd ist ihm nämlich mittlerweile zu langweilig geworden. Der Kick des Neuen fehlt. Er spürt nicht mehr dieses Kribbeln der ersten Tage.

Ein weiterer elementarer Gesichtspunkt irdischen Daseins ist die Tatsache, dass sich Lebewesen bis auf wenige Ausnahmen in zwei Geschlechter einteilen lassen. Man nennt sie dann Weibchen und Männchen.

Zu welchem Geschlecht die jeweiligen Lebewesen gehören, erkennt man nicht nur an ihrem Äußeren, sondern auch daran, dass sie dem Leben auf ganz unterschiedliche Weise begegnen. Während die Männchen durch rationales Denken und Handeln brillieren, schwimmen die Weibchen auf einer Welle von Emotionen durch den Tag.

So ist es bei den Menschen und auch bei den Islandpferden. In den meisten Fällen harmonieren diese ganz unterschiedlichen Lebenseinstellungen perfekt miteinander und garantieren so den Fortbestand der jeweiligen Spezies. Das bekannte Naturgesetz, wonach sich Gegensätze anziehen, belegt dies nur zu deutlich.

Trifft nun ein Islandpferdefreizeitreiter (männlich – logisch, sonst würde der Freizeitreiter hinten mit »in« geschrieben) auf ein weibliches Islandpferd, so sollte eigentlich laut eben genanntem Naturgesetz alles in Butter sein – gäbe es da nicht die berühmten Ausnahmen von der Regel.

Drottning zum Beispiel war so eine Ausnahme, oder eigentlich auch wieder nicht. Aber ich will nicht vorgreifen, sondern der Reihe nach erzählen.

Ich hatte bereits etliche Ausritte auf meinem Nonni unbeschadet überstanden und erlebte auch mit Hördur seit geraumer Zeit nur noch erholsame Wandertouren ohne jegliche Krisensituationen. Das veranlasste mich zu glauben, ich sei mittlerweile zum Magier im Sattel avanciert und könne auch mal ein anderes Pferd versuchen, nicht immer nur meine eigenen.

Die Gelegenheit ergab sich, als wir unsere beiden Zausel wieder einmal für einige Tage bei unseren Freunden geparkt hatten um mit ihnen und ihren Isis gemeinsam auszureiten. In der kleinen Herde stand auch Drottning, die Königin. Eine wunderschön anzusehende Rappstute war sie, kräftig gebaut, zutraulich und liebevoll. Schon seit längerem hatte ich ein Auge auf sie geworfen und überlegt, ob und wie ich ihre Zuneigung gewinnen könnte.

Ich näherte mich diesem Wesen vom anderen Geschlecht also, wie ich es schon einige Male mit Erfolg bei meiner Gattung praktiziert hatte – gemäß dem Motto: Was bei Menschen-Weibchen funktioniert, kann bei Isi-Weibchen nicht falsch sein. Und siehe da, die Königin zierte sich zwar zu Anfang ein wenig, erlag aber schließlich meinen Streicheleien und Schmeicheleien. Kein Pferdeflüsterer hätte mir in diesem Augenblick das Wasser reichen können, denn im Gegensatz zu diesem wusste ich: Auch Pferde-Weibchen sind nur Frauen! Na gut, sie war in erster Line scharf auf meine Geschenke, Möhrchen und Leckerli jeglicher Couleur – aber auch das war ja nur eine typisch weibliche Regung.

Dann waren wir endlich soweit, dass wir es miteinander versuchen wollten. Der Zuspruch der Freunde, zu deren kleiner Herde Drottning gehörte, machte mir zusätzlich Mut, auch wenn ich, so kurz vor dem Ziel, doch leichtes Herzflattern bekam, als es darum ging, den fremden Rücken tatsächlich zu besteigen. Es ist schließlich immer noch ein Unterschied, ob man mit einem Weibchen nur flirtet oder tatsächlich intim mit ihm wird.

Behutsam kleidete ich Drottning also an (nicht ohne sie vorher ausdauernd mit Striegel und Bürste nach allen Regeln der Kunst stimuliert zu haben), legte ihr den Sattel auf und schmückte sie mit ihrem Zaumzeug. Noch ein tiefer Blick in kohlschwarze, verführerische Augen und wir waren beide bereit für unseren ersten Ausritt.

In geschmeidigem Schritt ging es vom Hof, hinaus in die hügelige Feldmark und hinauf zum Wald. Schon nach wenigen Minuten waren wir ein Team. Unsere Bewegungen flossen ineinander, meine Schenkel massierten behutsam ihren samtweichen Bauch. Wir zogen uns an und stießen uns ab im Trab, im Galopp weit vornübergebeugt berührten sich unsere Mäuler beinahe, und wir hörten unseren keuchenden Atem, spürten unsere Herzen im Stakkato schlagen. Wenig später schon verschmolzen wir miteinander im Tölt. Drottning war eine Offenbarung! Oh, wie ich sie liebte, meine Königin!

Wir erreichten den hochgelegenen Wald und während wir Meter um Meter in ihn einritten, war ich dem Reiterhimmel so nah wie nie zuvor. Ich wollte Drottning und mir eine kleine Pause gönnen, glücklich und erschlafft. Aber meine Begleiter ließen uns nur einen kurzen Augenblick zur Ruhe und Besinnung kommen. Und das auch nur, weil unser Expeditionsleiter, der vorgab, jeden Pfad und jeden Strauch in diesem Gehölz wie seine eigene Westentasche zu kennen, sich hoffnungslos verfranst hatte und nun versuchte, mittels Augen und Ohren eine Positionsbestimmung durchzuführen. Das heißt, wir mussten still und starr verharren, während er versuchte, irgendwelche markanten Bäume und Sträucher zu entdecken und seinen Standort über eine für diesen Ort typische Geräuschkulisse zu identifizieren (für mich sind die Geräuschkulissen an jeder Stelle eines Waldes gleich – ich verstehe nicht, wie man dieses Durcheinander aus Zwitschern, Knistern, Knacken, Grunzen und Röcheln differenzieren kann).

Als jedoch wenige Minuten später ein erleichtertes Grinsen um die Mundwinkel unseres Chef-Pfadfinders spielte, wussten wir, dass es weitergehen würde. Und wie es weiterging! Er deutete mit ausgestrecktem Arm auf eine dichte Sträucherwand und ich glaubte für einen Moment, er habe nicht nur die Orientierung, sondern auch den Verstand verloren. Aber als er sich, mutig voranreitend, durch das Grünzeug zwängte, machten wir es ihm nach und vor uns tat sich ein mit hohem Gras bewachsener Hohlweg auf, der steil ins Tal hinabführte. Alte, knorrige Laubbäume säumten ihn und ihre teilweise armdicken Äste hingen tief und ragten weit in den Hohlweg hinein, so dass wir uns in einer Art Spießrutenlauf nach unten vorarbeiteten. Meinen Begleitern gelang es, mit ihren Pferden geschickt den Ästen auszuweichen. Mir gelang das weniger gut, denn Drottning, meine kleine zarte Königin, nahm plötzlich die Manieren eines Bulldozers an und so richtig zart wirkte sie auch nicht mehr. Sie dachte gar nicht daran, sich meiner Hilfen zu bedienen und sich elegant wie ein Slalomläufer um die Hindernisse zu winden. Für sie gab es nur eine Richtung: immer geradeaus.

Ich bewunderte sie. Sie war ja so schlau! Und das, obwohl sie nur ein kleines, dummes Pferd war. Sie wusste genau, dass zwischen ihrem am höchsten gelegenen Körperteil und dem am tiefsten hängenden Ast immer noch genügend Platz war, um unbeschadet darunter hindurch zu kommen. Konnte ich es ihr verdenken, dass sie mich in die Berechnung ihres am höchsten gelegenen Körperteiles nicht mit einbezogen hatte? So lange kannten wir uns ja nun doch noch nicht!

Leicht benebelt, das Gehirn trotz DIN-genormter Reitkappe kräftig durchgeschüttelt, erreichte ich mit Drottning das Ende des Hohlweges. In meinem Kopf rauschte es und hätte ich festen Boden unter meinen Füßen gehabt, ich wäre wie ein Wackelpudding in mich zusammengesackt.

»Meine kleine Königin – was für eine Power-Frau!« war

meine letzte gedankliche Reaktion, bevor sich eine seltsame Leere in meinen Gehirnwindungen breit machte.

Mein Zustand besserte sich im weiteren Verlauf unserer Tour nur langsam, doch als unsere Pferde die Nähe des heimatlichen Stalls schon witterten und aus ihrem lethargischen Trott erwachten, war auch ich wieder soweit hergestellt, dass ich zumindest wahrnahm, welchen Weg meine Begleiter und Drottning einschlugen.

Hinter einer Feldscheune bogen wir nach links ab, ritten ein paar Meter bergan, um gleich darauf nach rechts in einen Grasweg einzureiten. Rechts von dem Weg lagen die üppigen, aufgeräumten Schrebergärten des Dorfes, links erstreckte sich ein Kartoffelacker. Und vor uns tauchte schon kurz darauf das Dorf selbst auf. Spätestens jetzt wusste auch ich wieder, wo wir uns befanden und ich war froh, als wir wieder am Ausgangspunkt unseres Ausrittes angelangt waren. Ich dankte Drottning, meiner kleinen, kräftigen Power-Frau dafür, dass sie mich so behutsam und sicher durchs Gelände getragen hatte und versprach ihr, dass unser nettes Abenteuer kein »One-Ride-Stand« gewesen war. Nein, ich schwor ihr, weitere Ausritte mit ihr zu unternehmen.

Sicher hatte ich noch nicht wieder alle Tassen im Schrank, als ich diesen Schwur tat, aber, ich glaube, ich erwähnte das an anderer Stelle schon einmal, Versprechen, sofern man sie gegeben hat, muss man auch halten.

Es war wieder so ein Tag, an dem man jede Minute auf einem Pferderücken verbringen sollte – genau genommen herrschte in jenen Tagen ohne Unterbrechung ideales Reitwetter und wir kosteten die Zeit weidlich aus – also, es war wieder so ein unglaublich herrlicher Tag mit unglaublich blauem Himmel und unglaublich strahlender Sonne. Und ich war unglaublich gut drauf, auch mein Kopf mit allem, was in ihm ist, funktionierte wieder unglaublich gut. Was hinderte mich also daran, meine kleine Königin zu satteln und mein Versprechen zu erfüllen?

Drottning und ich waren an diesem Tag weitgehend allein, nur meine Frau begleitete mich auf Hördur. Friede und Harmonie breitete sich um uns aus, wir fühlten uns eins mit der Welt um uns und wir wussten: Dieses waren die Minuten, wo man alle Störungen, alle niederen Gedanken ausblenden und das Leben einfach nur genießen sollte.

Mir gelang das jedoch nur teilweise. Irgendwie nahm der niedere Gedanke an den Hohlweg mit seinen tiefhängenden Ästen in mir Raum. Und mit ihm die Erinnerung an die harten Schläge gegen meinen Kopf. Ganz plötzlich legte sich auch ein dünner, grauer Schleier auf die Beziehung zu meiner geliebten Königin.

Ich wollte dieses Stimmungstief nicht zulassen und schlug meiner Frau vor, trotz aller Ortsunkenntnis einen anderen Weg ins Tal zu wählen. Dank des wolkenlosen Himmels konnte uns die Sonne zur groben Orientierung dienen und wir gelangten tatsächlich ohne nennenswerte Vorkommnisse ins Tal. Bald sahen wir vor uns sogar die Feldscheune liegen, hinter der wir, soweit ich mich erinnerte, nach links abbiegen mussten, um dann rechts den Grasweg hinter den Schrebergärten einzuschlagen.

Wir erreichten die Feldscheune, bogen nach links ab und ich konzentrierte mich schon auf das neuerliche Abbiegen nach rechts, als meine kleine Königin ihren Turbo einschaltete, von Null auf Hundert in zirka zehn Millisekunden beschleunigte und erst wieder halt machte, als sie den höchsten Punkt des leicht ansteigenden Geländes erreicht hatte. Ich hatte nicht einmal Zeit gehabt, mich richtig zu erschrecken. Erst jetzt, als Drottning stand und ihr kurzatmiges Schnauben hören ließ, begannen mir die Hände zu zittern. Aber nun war ja alles überstanden. Hinter mir im Tal lag der Grasweg, auf den wir hätten abbiegen müssen, und ebenfalls hinter mir kroch meine Frau auf Hördur den Hang hinauf.

Vor mir lag – und das setzte mich jetzt doch in Erstaunen – keine dreihundert Meter entfernt das Dorf und Drottnings Heimatstall. Anstatt also den Umweg an den Schrebergärten vorbei zu nehmen, hatte meine kleine, kluge Königin den direkten Weg gewählt. Während meine Frau und ich die ganze Zeit mehr oder weniger nach Gefühl und Wellenschlag den Kurs bestimmt hatten, war Drottning stets im Bilde gewesen und hatte sich nur solange willig lenken lassen, wie wir auf dem richtigen Weg gewesen waren. Oh, was war sie doch für eine Prachtstute, meine Königin! So klug, so selbstbewusst! Ich war auf dem besten Weg, ihr alles zu verzeihen. Die tiefhängenden Äste waren längst Geschichte und auch diese eigenwillige Kursänderung mit eingebauter Tempoverschärfung, die mich für einen Moment an die Grenzen meiner Körperbeherrschung getrieben hatte, versetzte mich nicht in Angst und Schrecken, sondern weckte Stolz in mir – Stolz auf diese wunderbare Pferdedame, deren Reiter ich sein durfte. Ich fühlte mich tief zu ihr hingezogen und hatte im Nachhinein eine unbändige Freude an diesem Parforceritt.

Infolge dieses Hochgefühls gelüstete es mich schon am nächsten Tag nach einem weiteren Ausritt. Meiner Frau war es recht – sie hätte ihr Leben ohnehin am liebsten rund um die Uhr auf einem Pferderücken verbracht.

Wir genossen bei immer noch herrlichstem Wetter einen wunderbaren Ausritt, ungetrübt von der Suche nach dem rechten Weg, denn unseren Rundkurs hatten wir uns mittlerweile bestens eingeprägt. Daher war es auch kein Wunder, dass wir nach einem Ritt ohne Irrungen und Wirrungen die Feldscheune vor uns liegen sahen. Während wir uns gemächlichen Schrittes dem windschiefen Gebäude näherten, spürte ich bereits die Vorfreude in mir aufsteigen, die Vorfreude auf das, was gleich kommen würde. Heute nämlich wollte ich es genießen, was mir gestern, als mich meine Königin überrumpelt hatte, verwehrt geblieben war. Ich wollte es spüren, das Kribbeln im Bauch, den Wind und Drottnings Mähne im Gesicht, wenn es im gestreckten Galopp den Hügel hinauf ging.

Wir erreichten die Feldscheune, meine Spannung näherte sich dem Siedepunkt. Gleich... gleich, nur noch ein, zwei Schritte, dann würde ich sie nach links um die Scheune lenken, würde ihr die Hacken in die Flanken drücken und dann...

Ich lenkte, ich drückte und Drottning zündete, wie erwartet, den Turbo. Ich beugte mich vor, hob meinen Hintern aus dem Sattel, gab mich ihr ganz und gar hin. Momente tiefsten Vertrauens...

Sie missbrauchte mein Vertrauen, nutzte meine Liebe auf schäbigste Weise aus. Ein Luder, ein gemeines, hinterhältiges Weibsstück! Sie wollte mich quälen, wollte mich verletzen, hatte es von Anfang an geplant! Warum sonst bog sie so abrupt nach rechts in den Grasweg ab? Sie wusste doch, dass ich keine Chance hatte!

An dieser Stelle trennten sich unsere Wege. Für immer! Während sie bereits die Schrebergärten passierte, flog ich noch ein wenig geradeaus, um dann unsanft in einem lose aufgeworfenen Erdhaufen zu landen.

Als ich mich noch mühte, meinen Kopf aus dem Erdreich zu ziehen, stand mein Urteil bereits felsenfest:

Harmonie und Einigkeit zwischen den Geschlechtern würde es nie geben! Es würde ein ewiger Kampf bleiben – geprägt vom Widerstreit der Elemente *Vernunft* und *Gefühl*.

Apfelernte

Apfelernte ist, dem biologischen Ablauf folgend, im frühen Herbst. Zumindest in unseren Breiten. So war es in der Vergangenheit schon immer im eigenen Garten und wahrscheinlich ist es heute auch noch so – jedenfalls im »Alten Land«. Auch wenn jeder Mensch rund um die Uhr und rund ums Jahr Äpfel futtert (die schönen rotbäckigen aus Südafrika mit dem fad-wässrigen Geschmack zum Beispiel), weiß er:

»Naht die gold'ne Herbsteszeit, ist es wieder mal soweit...«

Der gemeine Pferdehalter – und natürlich auch der Islandpferdehalter – weiß es besser. Wenn er nämlich zu der Kategorie »Armes Würstchen« gehört und alle Arbeit rund ums Pferd selber machen muss, dann kann er zu Fug und Recht behaupten:

»Apfelernte ist immer – Tag für Tag, Monat für Monat, Jahr für Jahr!«

Auch meine Frau und ich zählen uns zu denen, die emsig und in gebückter Haltung alle gottgegebenen freien Minuten darauf verwenden, die herrlich duftenden Früchte (sofern sie frisch sind) zu ernten. Auf unsere Tochter müssen wir bei dieser Arbeit leider verzichten. Die kommt als Erntehelferin nur noch sehr selten und dann auch nur unter Androhung schlimmster Sanktionen in Frage. Unser Sohn kurvt ohnehin lieber zusammen mit seinem Lieblingsbauern auf dem Trecker durch Wald und Flur.

Also begeben wir uns, meine Frau und ich, abwechselnd daran, die kleinen, grünbraunen Früchte einzusammeln. Es gibt Tage, an denen die Ernte sehr reichhaltig ausfällt. Dann rücken wir den Äpfeln auch schon mal gemeinsam zuleibe. Dabei setzen wir voll und ganz auf solide Handarbeit. Eine Schubkarre, einen Mistboy und den dazugehörigen Rechen – mehr brauchen wir nicht, um die Ernte einzufahren.

Was sich so einfach anhört, ist dennoch ein sehr mühseliges und zeitaufwändiges Geschäft. Zu allem Überfluss wird die Ernte, nachdem sie eingesammelt ist, wieder vernichtet. Das ist ausgesprochen frustrierend, denn genetisch bedingt funktioniert der menschliche Sammel- und Erntetrieb ja nur dann zufriedenstellend, wenn er dem Zwecke der Lagerung und Vorratshaltung dient. Doch wer will in der heutigen Zeit schon gern zentnerweise Früchte der Sorte »Pferdeäpfel« im Keller lagern? Und vor allen Dingen, wozu?

Angesichts dieser Sinnlosigkeit unseres Tuns blicken wir mittelständischen Pferdebauern mit unserem Betriebskapital von exakt zwei ausgewachsenen Islandpferden durch einen Schleier aus Depression und Antriebsschwäche in jeden neuen Tag. Je nach Jahreszeit erkennen wir hinter dem Schleier einen Paddock, der sich über die ganze Breite unseres Hofgrundstückes erstreckt, oder ein langgezogenes Handtuch, das unsere Pferdeweide darstellt. Eins jedoch, und das ist jahreszeitenunabhängig, haben Weide und Paddock gemein: Sie sind übersät mit grünbraunen Früchten – dem Ergebnis hemmungsloser nächtlicher Darmentleerung. Wie oft schon habe ich mich gefragt, was zwei Islandpferde, von Natur aus mit eher geringen Körpermaßen ausgestattet, dazu veranlasst, nachts derartige Massen an Äpfeln abzusondern. Es scheint manchmal, als würden sie ein immer währendes, nächtliches Fernduell mit ihren großen Artgenossen austragen, um ihnen auf diese Weise zu sagen:

»Hey, seht her, ihr Riesenbabys, was ihr könnt, das können wir schon lange.«

Bedauerlicherweise dürfen wir dann den Mist, den derartige Profilneurosen hervorbringen, aufsammeln. Also Schleier von den Augen gewischt, Mistboy, Rechen und Schubkarre gegriffen und frisch ans Werk! Je nach Beschaffenheit des jeweiligen Untergrundes geht es mehr oder weniger flott voran. Ein fester Untergrund aus Zement oder Hartkunststoff macht in der Regel wenige Probleme beim Sammeln. Aber welcher Pferdehalter mutet seinen Tierchen schon die Nächte auf unbequemem Bodenbelag zu? Na bitte! Das heißt also im Klartext, überall liegen tonnenweise Sand herum oder die berüchtigten Holzhackschnitzel oder es zeigt sich der nackte Erdboden mit seinen aus der letzten Regenzeit stammenden knietiefen Trittlöchern. Und genau hier liegen sie, die süßen Äpfelchen – in kleinen Häufchen, in riesigen Haufen, verstreut, im Sand oder in den Hackschnitzeln vergraben, nur noch an der »Spitze des Eisberges« zu orten. In diesem speziellen Falle sind dann vom Pferdebauern die Fähigkeiten eines Archäologen gefordert. Wir beherrschen diese Fähigkeiten mittlerweile perfekt und legen immer wieder in akribischer Feinarbeit Äpfelchen um Äpfelchen frei.

Besonders viel Geschick beim Einsammeln unserer Äpfel ist auch dann gefragt, wenn wir den nackten Erdboden bearbeiten. Die bereits erwähnten Trittlöcher scheinen ein äußerst beliebtes Ziel pferdlicher Darmentleerung zu sein. Mit welcher Treffsicherheit unsere beiden Jungs Hördur und Nonni diese Löcher immer wieder füllen, nötigt mir schon einen gewissen Respekt ab. Dessen ungeachtet bedarf es allerdings einer außerordentlichen Fingerfertigkeit, um die Äpfel aus diesen Löchern wieder herauszuholen.

Eine weitere Sammelvariante, die die Apfelernte speziell im Winterhalbjahr nie zur Routine werden lässt, ist die nach ausgiebigen Schneefällen. Da werden die Äpfel zu Lawinenopfern, die zunächst geortet, dann freigelegt und danach gebor-

Blick auf die Rennstrecke – mal nicht aus dem Cockpit eines Formel 1-Boliden, sondern vom Rücken des töltenden Nonni.

... und tschüss!

gen werden müssen. In solchen Momenten schierer Verzweiflung haben sogar solche Vorschläge Hochkonjunktur, die auf die Anschaffung eines Lawinenhundes abzielen.

Aber es ist ja nicht immer Winter. Naht der Frühling, naht auch die Weidesaison. Und damit verlagert sich die Apfelernte auf die Pferdeweide. Nun sollte man meinen, damit ist alles in Ordnung. Das mag vielleicht auf die Pferdebauern zutreffen, die dank der Größe ihres Pferdebestandes den Apfelmassen mit einfachen Mitteln nicht Herr werden und ihnen daher mit schweren Maschinen zuleibe rücken, um sie dem Erdboden gleich zu machen.

Für uns mit unserem übersichtlichen Pferdebestand jedoch ändert sich die Arbeit nicht. Es findet lediglich eine Ortsverlagerung statt. Und hier, auf dem sommerlichen Grün, müssen wir uns mit ganz anderen Problemen herumschlagen als daheim auf dem Paddock. Auch hier entwickeln Pferde den unwiderstehlichen Drang, denen, die es gut mit ihnen meinen, Probleme zu bereiten. Anders jedenfalls kann ich es mir nicht erklären, dass sie stets die Regionen der Weide, auf denen die Gräser besonders dicht und hoch stehen, zu ihrer Toilette ernennen. Hier legen sie dann ihre Äpfel ab, schön verstreut über das ganze Areal, schauen uns mit bedauerndem Blick bei unserem Frondienst zu und lachen sich insgeheim ins Hüfchen.

Das Martyrium täglichen Äpfelsammelns hält der gemeine Pferdehalter und damit auch der Islandpferdehalter normalerweise nur kurze Zeit aus. Wie aber schaffen es viele dieser Pferdehalter (zu denen auch wir uns zählen), über diese kurze Zeit hinaus sich die Sammelleidenschaft zu bewahren? Einzig und allein durch ihre dem Menschen eigene Fähigkeit, kreativ zu denken und zu handeln!

Der Volksmund beschreibt diese Fähigkeit sehr drastisch, indem er den kreativen Menschen bezichtigt, er könne

»aus Scheiße Geld machen«. Doch genau genommen hat der Volksmund recht, nur müsste es in unserem und im Falle aller kreativ handelnder Pferdehalter heißen: »Aus Äpfeln Geld machen«. Die Obstbauern im »Alten Land« beherzigen diese Weisheit schon von Alters her, verkaufen sie doch ihre Apfelernte auf Wochenmärkten, im Tante-Emma-Laden, in Supermärkten und weiß der Geier, wo sonst noch.

Für uns brauchte es erst einen kleinen Denkanstoß, um uns aus der Tristesse täglichen Äpfelsammelns herauszureißen. Den lieferten uns unsere lieben Mitmenschen, denen wir bisher ja schon unterstellt hatten, dass sie uns hinter Gardinen, Hecken und Mauern argwöhnisch beobachteten, um sich dann das Maul über uns und unseren »Pferdetick« zu zerreißen. Doch offensichtlich gab es unter diesen netten Zeitgenossen auch einige, denen es nicht genug war, allein dadurch von unserem Tick zu profitieren, dass sie ständig Gesprächsstoff hatten. Sie erinnerten sich vielmehr ganz eigennützig an das, was eine dörfliche Gemeinschaft ausmacht, nämlich: Einer helfe den anderen. Also kamen sie und fragten, ob sie nicht an unserem Apfelreichtum teilhaben könnten.

Nun war es uns völlig egal, ob wir unsere Äpfel Tag für Tag sammelten, nur um sie nach einer Woche, wenn unser kleiner Autoanhänger der Marke »Klemm und Klau« bis zum Bersten gefüllt war, auf einem Acker der Vernichtung preiszugeben oder um sie mit unseren lieben Nachbarn und Bekannten zu teilen. Schnell wurden wir uns unserer sozialen und ökologischen Verantwortung bewusst und wir gaben unsere Äpfel mit Freude, denn wir ahnten, sie würden den Schreber- und Hausgärtnern eine reiche Obst- und Gemüseernte bescheren. So entstand das für unsere Region einmalige Hilfsprojekt **»Äpfel für Äpfel«**.

Bisher hoffen wir allerdings vergeblich darauf, dass wir unser bahnbrechendes Engagement honoriert bekommen.

Unseren Anteil an dem Obst- und Gemüsereichtum derer, die wir mit unseren Äpfeln unterstützt haben, können wir, glaube ich, getrost in den Wind schreiben. Egal, wir werden es überleben. Viel mehr schmerzt uns, dass wir immer noch nicht für einen Ökologiepreis oder für das Bundesverdienstkreuz vorgeschlagen wurden. Diese symbolische Entschädigung hätte uns schon zugestanden, glaube ich. Oder wenigstens unseren beiden Isis, die dank ihrer regen Darmtätigkeit immer für ausreichend Nachschub sorgen.

Aber aus jeder Enttäuschung wächst auch wieder neue Hoffnung. So überlegen wir zurzeit, ob wir das Geschäft mit unseren Äpfeln nicht ganz groß aufziehen sollen. So wie die Obstbauern im »Alten Land«. Warum nicht auch unsere Äpfel in 10 kg-Beutel abgefüllt oder lose auf dem Wochenmarkt anbieten. Immerhin haben unsere Äpfel zwei entscheidende Vorteile gegenüber den Alte-Land-Äpfeln: Sie können zusätzlich als Dünger und als Brennstoff dienen. Außerdem sind sie zu jeder Jahreszeit in gleichbleibender Qualität, frisch und ohne Konservierungsstoffe zu haben.

So könnte man sie zum Beispiel auch bei OBI in der Gartenabteilung verkaufen, oder im Brennstoff-Fachhandel, oder im Bio-Laden oder bei ALDI. Ja, ALDI ist gut. Ich stelle mir das schon so richtig schön vor:

Jedes halbe Jahr liegt eines Mittwochs neben den Prospekten, die den neuen ALDI-Computer ankündigen ein weiterer Prospekt. Und der wiederum kündigt die ALDI-Äpfel an. Klar, dass sich dahinter dann unsere Isi-Äpfel verbergen, unschlagbar günstig natürlich und ökologisch – logisch!

Stellt sich uns nur noch die Frage:

Wer füllt die ganzen Äpfel in die Beutel?

Fliegende Kühe

Islandpferde sind robust und unverwüstlich. Islandpferde brauchen kein weiches Bettchen zum Schlafen. Islandpferde haben eine ausgeglichene Psyche und überhaupt...

Füni ist demnach kein Islandpferd. Er sieht zwar so aus, hat auch einen lupenreinen Stammbaum und trotzdem – irgendwie nimmt er die Widrigkeiten des Lebens manchmal ein wenig zu ernst. Andererseits nimmt er das Pferdeleben aber auch hin und wieder zu sehr auf die leichte Schulter. Also, ich kann mir nicht helfen, aber dieser Füni ist schon etwas aus der Art geschlagen. Davon konnten wir uns überzeugen, als er für einige Zeit unser Gast war – bis dann Nonni kam.

Heute lebt Füni etwas weiter weg, in einer Gegend, wo sein empfindliches Gemüt weniger strapaziert wird. Immerhin kann er jetzt sogar tölten! Tja, was so eine Luftveränderung alles bewirkt! Beginnen möchte ich meinen Bericht jedoch in der Zeit, als Füni noch nicht so weit weg wohnte, sondern bei uns Gastrecht genoss.

Eigentlich fing alles recht verheißungsvoll an. Im Gegensatz zu unserem Hördur, für den Gullydeckel Wesen aus der Hölle zu sein schienen, scherte sich Füni nicht die Bohne um diese Dinger. Auch vorbeifahrende Trecker stellten für ihn kein wesentliches Hindernis dar, ebenso wenig wie Menschen, die in seiner Laufrichtung standen. Alles in allem waren Ausritte, an denen Füni beteiligt war, eine Garantie dafür, dass unterwegs nichts aus dem Ruder lief.

Auch auf der Weide oder auf dem Paddock und im Stall benahm sich Füni sehr gesittet. Zwar ließ er sich von Hördur in schöner Regelmäßigkeit im Stall bei der Futtereinnahme unterdrücken und verjagen, aber das destabilisierte unserer Einschätzung nach seine Psyche nicht wesentlich, zumal er dieses Manko mit einer gewissen Rammbock-Mentalität den Menschen (besonders den kleinen, zart gebauten) gegenüber wieder ausglich.

Dann aber kam jener Tag im Frühsommer, der sich in unser aller Gedächtnis für die Ewigkeit eingrub. Füni hatte eine Begegnung mit Außerirdischen! Nichts deutete nach dem Aufstehen darauf hin, welch dramatische Wendung der Tag noch vor Einbruch der Nacht nehmen sollte. In jedem Kino- oder Fernsehfilm kündigen gewisse dramaturgische Feinheiten das bevorstehende Unheil an, sei es, dass die Hintergrundmusik bedrohliche Töne anschlägt oder dass der Himmel von strahlendblau über gelblich-grau hin zu schwarz wechselt, oder es herrscht die absolute Totenstille.

Nee, wir leben in Katlenburg und nicht in Hollywood, und daher ist bei uns alles furchtbar banal, stinknormal eben. Da bleibt der Himmel blau, wenn es nicht gerade stark bewölkt ist oder regnet, da liegt nicht Musik in der Luft und Totenstille herrscht auch nicht – zu quasseln hat immer irgendeiner was. So, und in dieser Banalität erahne mal einer ein sich näherndes Ufo!

Noch nicht mal Füni und Hördur, die ja als Tiere für ihre ausgeprägten Instinkte bekannt sind, spürten an diesem schicksalsträchtigen Tag, dass etwas in der Luft lag. Es kam einfach. Aus heiterem Himmel! Ohne Krach zu machen! Herrschaftszeiten, wenigstens hupen oder rufen oder was weiß ich hätten sie können. Nein, nichts! Sie sackten einfach von oben in Fünis bis dahin geordnetes Pferdeleben und wirbelten es durcheinander. Ein leises Zischen war alles, was zu hören war, aber da war es längst zu spät.

Es war mehr Zufall, dass auch meine Frau dieses Zischen

hörte. Sie stand auf der Terrasse und warf einen Blick zu unseren beiden Zausels, die nur etwa hundertfünfzig Meter Luftlinie entfernt auf der Gemeindewiese friedlich vor sich hingrasten. Das heißt, nur noch wenige Sekunden grasten sie, es war fast genau 20 Uhr, dann zischte es. Köpfe flogen zum Himmel. Meine Frau stieß einen Schrei aus:

»Komm schnell«, schrie sie und meinte wohl mich. Jedenfalls fühlte ich mich angesprochen. Ich spurtete zur Terrassentür, denn es war mir nicht ganz klar, ob meine Frau in Panik oder vor Freude schrie. Hätte ich die pure Lebensfreude in ihrer Stimme vernommen, wäre ich sicher langsam zur Tür gegangen, aber in dieser diffusen Situation leistete ich mir einen ordentlichen Adrenalinschub und spurtete.

»Was ist?« hechelte ich, an der Terrassentür angekommen.

»Da landet ein Heißluftballon bei den Pferden«, rief sie und freute sich anscheinend wie ein Kind.

Ich wollte mich auch erst freuen, denn noch nie hatte ich einen Heißluftballon so nahe gesehen.

Doch schnell überlegte ich es mir anders und rief entsetzt:

»Scheiße!«

Das hatte Gründe, denn während Hördur nur blöde schräg nach oben glotzte, ansonsten aber noch keine Reaktion zeigte, stand Füni bereits das Weiße in den Augen. Das konnte ich sogar über diese Entfernung erkennen. Ich sah auch, wie er mit unruhigen Sambaschrittchen immer heftiger hin und her tänzelte, je näher das himmlische Ungeheuer seinem Kopf kam. Und während es immer weiter heftig zischte, ein Vorgang, der dem halbwegs gebildeten Menschen keine Angst einjagt, da er sich mit den physikalischen Grundzügen eines Heißluftballons bestens auskennt, wurde dem weniger gebildeten Füni immer banger ums Herz, seine Tanzschritte wurden immer ekstatischer, und das Weiße in seinen Augen signalisierte Panik ohne Ende.

Das Gebaren seines Kumpels machte nun endlich Eindruck auf Hördur, so dass der sich anschickte, es Füni gleichzutun. Meine Frau hatte mittlerweile auch die Kurve bekommen von purer Freude hin zu blankem Entsetzen und in blinder Hektik spurteten wir kreuz und quer über unser Grundstück (Wohnfläche, Garten und Paddock abgerechnet blieben immer noch knapp dreihundert Quadratmeter Hof- und Abstellraum zum Austoben), griffen wahllos nach allem, was dazu dienen konnte, zwei Samba tanzende Islandpferde zu beruhigen (Abschwitzdecke, Führstrick, Volleyball-Netz, Hufraspel, Gerte, Longierpeitsche, Wassereimer, E-Gerät) und machten uns schließlich mit der Minimalausstattung, bestehend aus Abschwitzdecke und Führstrick auf den Weg. Nach etwa dreißig Sekunden (neuer deutscher Pferdehalter-Rekord) erreichten wir die Gemeindewiese und konnten gerade noch erleben, wie der Heißluftballon nach erfolgreicher Landung auf der Nachbarwiese in sich zusammensackte.

Füni und Hördur (der nach etwa zweiminütiger Inkubationszeit bereits komplett infiziert war), lieferten den Außerirdischen einen Begrüßungstanz, der es in sich hatte. Sie steigerten sich in einen wahren Hüpf- und Laufrausch, der zum Glück von unserem provisorischen Weidezaun in engen Grenzen gehalten wurde. Aber wie lange noch, fragten wir uns sorgenvoll und versuchten, mit allerlei Zappelei und anderen Mätzchen, unsere beiden Schätze zu beruhigen.

Aber alle »Hoooo's« nutzten herzlich wenig und auch alles »Ruuuuhig, gaaaanz ruuuuhig« schien sowohl unsere, wie auch die Motoren unserer Isis nur noch in höhere Tourenbereiche zu treiben. Schließlich mussten wir einsehen, dass sich die Situation irgendwie verselbstständigt hatte. Wir konnten weiter nichts tun, als den möglichen Ausbruch unserer Isis aus ihrer Einfriedung zu verhindern. Das hielt uns mächtig auf Trab. Nach gut einer Stunde, die Ballonfahrer hatten längst ihre Siebensachen gepackt, gingen Pferde- wie auch Menschenakku zur Neige. Schweißgebadet stolperten Füni und Hördur über ihre eigenen Hufe und auch wir zwei Menschen spürten, dass wir dieses Drama zu Ende bringen mussten, sofern wir es lebend überstehen wollten.

Also griffen wir kurzentschlossen nach den Abschwitzdecken und wickelten unsere Schätzchen ein, auf dass sie sich nicht verkühlen sollten. Als wir sie kurz danach unter Aufbietung unserer letzten Kräfte entlang vielbefahrener Dorfstraßen in die sicheren Abgrenzungen von Stall und Paddock verfrachtet hatten, konnten wir uns endlich dem widmen, was wir nachts am liebsten tun, nämlich schlafen. Ob unsere Isis es uns gleich taten, sollten wir nie erfahren. Dafür wussten wir aber schon wenige Tage später, dass Füni fliegende Kühe sah!

Zuerst konnten wir uns das Ganze nicht erklären. Wir hatten zwar Verständnis dafür, dass Füni noch an dem Erlebten des vergangenen Tages zu knabbern hatte und äußerst verschreckt auf jede außerplanmäßige Bewegung reagierte, aber als er eine halbe Woche nach der Ufo-Invasion immer noch wie besessen im Paddock herumrannte und vor Schweiß triefte, machten wir uns so unsere Gedanken.

Doch es gab keine erkennbaren Hinweise darauf, dass das Problem in seinem direkten Umfeld zu suchen war. Als uns bereits Ratlosigkeit überfiel, verlegten wir uns darauf, ein wenig Tierforscher zu spielen. Diese Gattung Mensch, so wussten wir aus einigen Fernsehsendungen, verbringt den lieben langen Tag damit, ihre Zielobjekte zu beobachten – wochenlang, monatelang, jahrelang. Und dann treten jene Menschen im Fernsehen auf, präsentieren uns ihre Ergebnisse und erhalten dafür Geld, um sich auch weiterhin auf die Beobachterhaut legen zu können.

Eine Fernsehkarriere als Tierforscher hatten wir nicht im Sinn. Fünis Problem wollten wir aber schon ergründen. Also beobachteten wir und bemerkten schon nach relativ kurzer Zeit, dass Füni eine ganz bestimmte Blickrichtung bevorzugte – und zwar über den ganzen Tag hinweg. Zwischendurch legte er immer wieder, mal heftiger, mal verhaltener, seine anfallartigen Tanzeinlagen auf den Paddock, ohne jedoch seine Blickrichtung zu ändern.

Dieses erste Forschungsergebnis ermutigte uns, weiterzumachen und sogar unkonventionelle Wege zu gehen. Wir beschlossen nämlich, uns in unser Pferd zu versetzen und mit unseren Augen seinen Blicken zu folgen. Das heißt, ich durfte folgen und meine Frau hatte derweil ihren Blick auf das Pferd gerichtet. Wir wollten es folgendermaßen anstellen:

Während ich meinen Blick parallel zum Pferdeblick ins Nichts des Katlenburger Himmels gerichtet hielt, wollte meine Frau mit ihrem Blick den Bewegungen des Pferdes folgen. Immer, wenn Fünis epileptische Anfälle begannen, wollte sie energisch rufen: »Jetzt!«

Daraufhin sollte ich sozusagen meinen inneren Auslöser drücken und auf Platte bannen, was ich just in dem Moment gesehen hatte.

Die ersten beiden »Jetzt« verpufften mehr oder weniger ergebnislos. Eine vorbeifliegende Stockente war alles Erwähnenswerte auf meiner Platte gewesen. Aber die Ente kam nicht auf den Punkt, sondern irgendwann zwischen dem ersten und zweiten »Jetzt«. Danach richtete ich meinen Blick jedoch einige Grad tiefer, so dass er auf der Hangweide unweit unseres Paddocks zu liegen kam. Und beim nächsten »Jetzt« sah ich sie: Drei wunderschön anzusehende schwarzbunte Kühe flogen von links nach rechts, das heißt, sie tummelten sich im lockeren Trab am oberen Rand der Hangweide. Füni rastete aus, drehte ab, war dem Wahnsinn nahe!

Die Gewissenhaftigkeit des Wissenschaftlers ruhte bereits in uns und so ließen wir uns von dem Zusammenhang aus fliegenden Kühen auf Hangweiden und abdrehendem Füni nicht ohne weiteres beeindrucken. Es konnte auch Zufall sein. Erst fünf oder sechs weitere »Jetzt«, gepaart mit dahinspurtenden Hangkühen und einem durchgeknallten, schweißtriefenden Island-Nervenbündel brachten uns zu dem Schluss, dass Kühe in Fünis Augen die Form eines Heißluftballons haben mussten. Aus seiner Sicht waren es also Ufos und sie waren somit gefährlich!

Vielleicht hätten wir mit dieser Nummer doch im Fernsehen auftreten sollen...

Zu unserem Fernsehauftritt kam es nicht mehr, weil Füni wieder dorthin zurückkehrte, wo er hingehörte. Und mit seiner Rückkehr in die traute Umgebung ins Nachbardorf gleich hinter'm Berg schien sich auch Fünis Psyche wieder zu stabilisieren. Jedenfalls hörten wir lange nichts mehr von ihm und wenn doch, dann waren es nur Nachrichten, die ihn als halbwegs normales Pferd beschrieben.

Nur einmal noch machte Füni auf sich aufmerksam. Zum Schützenfest nämlich, einem Dorffest im 5-Jahres-Turnus, entdeckte er seine Vorliebe für Blasmusik. Wo andere Pferde so ein Fest mit all seinem Trubel über sich ergehen lassen, verwandelte sich Füni zum Partylöwen, nahm aus der Ferne heftig Anteil an den Feierlichkeiten, die sich in allerlei Umzügen und den stets präsenten Klängen der Blaskapellen äußerten. Zu irgendeinem Zeitpunkt während der mehrtägigen Feier hielt es Füni nicht mehr auf der entlegenen Weide. Spontan entschloss er sich, an der Fete teilzunehmen, überwand die Weideeinfriedung (die Vergnügungssucht war stärker!) und nahm Kurs aufs Dorf – gefolgt von all seinen Weidekumpels, die die Gelegenheit nicht ungenutzt verstreichen lassen wollten.

Später, als der etwas durcheinander geratene Festumzug wieder seinen vorgesehenen Weg nahm, hatte Füni zumindest eins erreicht – er und seine Kumpels waren die Stars dieses Schützenfestes geworden. Um für die Zukunft Schlimmeres zu verhindern, wurde ihnen eine Beschallungsanlage in ihre Weidehütte installiert. Auf dem Programm stand Blasmusik rund um die Uhr. Und für uns stand fest, dass Füni doch einen bleibenden Schaden behalten hatte, denn, mal ehrlich, welches Pferd hört sich schon freiwillig Blasmusik an?

Wie kommt der Isi auf's Dach?

Lebewesen, ob Amöbe, Warzenschwein, Islandpferd oder Mensch haben eins gemein: Sie wissen, wohin sie gehören.

Das fängt damit an, dass sich eine Amöbe zum Beispiel nie in ein Warzenschwein verlieben würde. Die Amöbe weiß eben, dass sie eine Amöbe ist und sie weiß auch, dass andere Amöben Amöben sind. Über diese Gemeinsamkeiten identifiziert man sich und es entwickelt sich eine gewisse Gruppendynamik, die dann dazu führt, dass es auch weiterhin Amöben geben wird.

Ich überspringe jetzt mal das Warzenschwein und das Islandpferd und komme gleich zum Menschen. Auch der Mensch weiß, dass er ein Mensch ist und er käme nie auf die Idee, sich mit einer Amöbe zusammenzutun und... (na gut, führen wir den Gedanken an dieser Stelle nicht weiter aus).

Aber der Mensch ist, und das unterscheidet ihn von den mehr oder auch minder hoch entwickelten Ein- und Mehrzellern, nicht ganz so einfach gestrickt. Mensch gesellt sich nicht einfach zu Mensch, nein, Mensch unterteilt Menschen in Gruppen. In Altersgruppen und Randgruppen, in Vereine und Parteien, in Gesinnungsgenossen und Fans. Innerhalb dieser Gruppen gibt es dann wieder etliche Untergruppierungen, diverse Ableger und Sektierer. Ein buntes Sammelsurium, ein vielschichtiges Wirrwarr und doch – es herrscht eine auf den ersten Blick nicht sofort erkennbare Ordnung. Diese Ordnung besteht in einer radikalen Abgrenzung der diversen Anhängerschaften untereinander und garantiert so ein unverfälschtes Gedankengut.

Ein kleiner Zwischengedanke an dieser Stelle: Bei den Islandpferden ist das ja ähnlich. Islandpferde sind Islandpferde, unverfälscht und rein in ihren Erbanlagen seit gut 1000 Jahren. Nur – und das ist der entscheidende Punkt – die Pferde sind sich dessen gar nicht bewusst! Der Mensch nämlich ist es gewesen, der auch hier, wie eigentlich überall, seine Finger im Spiel hatte und hat. Aber darauf wollte ich ja gar nicht hinaus. Es passte nur gerade so gut...

Wieder zu den menschlichen Gruppierungen und ihren unterschiedlichen Erb- und Gedankengütern. Das Gemeine an diesen Gruppierungen ist, dass es manchmal weltumspannende Gemeinschaften sind, denen sich der einzelne Mensch zugehörig fühlt. Und bei derartigen Ausdehnungen ist es logisch, dass Mensch gezwungen ist, eine mehr geistig- ideelle Beziehung zu Seinesgleichen zu pflegen, denn eine handfeste, körperlich reale Freundschaft wie zum Beispiel im Dorf-Kegelclub, wo jedes einzelne Mitglied seine Gesinnungsgenossen (manchmal eben auch ganz körperlich direkt) besser kennt als sich selbst. Die haben es gut, diese Kegelbrüder und -schwestern!

Wie aber nun weiß der Angehörige einer bestimmten Gruppierung größeren Ausmaßes, dass er, wenn er jemand auf offener Straße anspricht, auch wirklich einen anderen Angehörigen seiner Gruppe vor sich hat und nicht etwa jemand aus einer abweichenden Glaubensrichtung, möglicherweise noch aus einer, die man aus der Tiefe seines Herzens verabscheut? Wie weiß der Gesinnungsgenosse, dass derjenige im Auto vor ihm, den er auf der Autobahn gerade nach Herzenslust mobbt, nicht vielleicht ein Anhänger derselben Ideologie ist? Ein Bruder oder eine Schwester im Geiste sozusagen? Das wäre schändlich, wenn nicht mehr!

Nun, der Mensch, hochintelligent und allen anderen Lebewesen überlegen, hat das Problem auf seine Weise gelöst.

Eine Strickmütze in Blau-Weiß über der Toilettenrolle im Fonds des VW-Golf zum Beispiel veranlasst den gleichgesinnten Schalke-Fan, freundlich winkend in seinem Manta (wusste gar nicht, dass es den noch gibt) auf der Autobahn vorbeizurauschen. Den Bayern-Fan hingegen zwingt sie, den Insassen des VW-Golf aufs Übelste mit Lichthupe, Stinkefinger und anderen Nickligkeiten zu drangsalieren. Wenn man überlegt, wie viele Fußballvereine mit den unterschiedlichsten Erkennungszeichen und mehr oder weniger großer Anhängerschaft es gibt, dann kann man sich vielleicht vorstellen, was so tagtäglich da draußen auf den Autobahnen los ist.

Nun gut, ich denke, ich habe weit genug ausgeholt und sollte zum Kern dieser Geschichte kommen. Auch in der Welt der Tierfreunde gibt es die unterschiedlichsten Gruppierungen und Sympathien. Praktisch um jede Gattung Tier schart sich eine Gruppe durchgeknallter Sympathisanten-Menschen, die sich dann wieder aufteilt in die Anhänger der verschiedenen Rassen. Und da es Tiergattungen und –rassen in weit größerem Umfang gibt als Fußballvereine, gilt hier besonders, äußere Erkennungszeichen zu bemühen, um sich nicht eines Tages in der falschen Stammtischrunde wiederzufinden.

Auch für Pferdefreunde gilt es, sich mittels irgendwelcher Zeichen zu erkennen zu geben. Wobei gerade Pferdefreunde schon durch ihr äußeres Erscheinungsbild oft aus der Masse der Normalmenschen herausragen. Glauben Sie mir, ich erkenne samstagmorgens beim Bäcker den Pferdefreund auf den ersten Blick: ausgeschlafener, klarer Blick, leicht wirres bis verschwitztes Haar (je nach Jahreszeit), enganliegende Stretchhose, an den Innenseiten der Schenkel mit Leder (oder Lederimitat) abgesetzt, ebenso eng anliegende Gummi- oder Lederstiefel an den Beinen, gemeinhin als Reitstiefel bekannt. Derart bekleidet, umgeben mit dem leicht herben Flair des Pferdestalls als Deo-Ersatz, nimmt er seine Brötchen entgegen und wirkt dabei auf eine äußerst unnatürliche Weise hellwach, während sich das Gros der um den Tresen Versammelten noch den Schlaf aus den Augen reibt.

Einzig die Frage, welcher Pferderasse der ausgeschlafene Brötchenkäufer denn nun anhängt, kann ich an seinem Äußeren nicht ohne weiteres festmachen. Doch ein schneller Blick auf das Heck des sich entfernenden Geländewagens (auch so ein Erkennungszeichen, der Geländewagen Marke Jeep, Toyota oder Mitsubishi) gibt mir Antwort: Der Scherenschnitt einer Gruppe töltender Pferde mit wehender Mähne ist dort neben dem Reserverad auf die Hecktür gepappt und lässt mein Herz vor Freude hüpfen. Ein Isi-Fan, ein Freund, ein Gleichgesinnter, einer, der mich versteht! Einer, der weiß, wie es ist, allein mit seinen Träumen und Sehnsüchten am Samstagmorgen in einem Rudel augenreibender Ignoranten am Bäckertresen zu stehen. Ich habe auch so einen Tölter hinten neben dem Reserverad kleben. Zwar nur einen – auch mein Geländewagen ist etwa drei Nummern kleiner – aber das ist nicht entscheidend. Hauptsache, er symbolisiert die Wahrzeichen des Islandpferdes – Tölt und dichte, wehende Mähne. Und Hauptsache, ich habe es nicht mit einem dieser anderen, dieser ... ich wage es gar nicht, den Begriff in den Mund zu nehmen – na gut, ich tu's – dieser Großpferdereiter zu tun! Ja, das sind nämlich die Feinde! Jede Anhängerschar braucht ihre Feinde! Das fördert den Zusammenhalt! Und die besten Feinde sind die aus dem eigenen Lager – in meinem Fall aus dem Lager der Pferdefreunde. Pferdefreunde sind sie eigentlich alle. Aber erst der kleine Rassen-Unterschied macht die wirklich gute Feindschaft aus, jawoll!

Verweilen wir noch ein wenig im Lager der Islandpferde-Fans. Denn wir wollen ja herausfinden, wie der Isi auf's Dach kommt. Also, was wissen wir bisher? Wir wissen, dass sich die Fans der Islandpferde am Aufkleber neben dem Reserverad ihres Geländewagens erkennen. Das fördert den Zusammenhalt und grenzt nach außen hin ab. Aber wie sieht es denn innerhalb so einer Fangemeinde aus? Alles in Butter? Alles Friede, Freude, Pferdeäppel? Weit gefehlt, liebe Leser! Was dem Außenstehenden oft so harmonisch erscheint, ufert im Inneren der Fangemeinde nicht selten in erbarmungslose Grabenkämpfe aus.

Ist schon nicht einfach zu verkraften, dass sich Isi-Fan »X« gleich eine ganze Herde von mindestens zehn Isis leisten kann und ich mich mit nur zwei dieser edlen Rösser begnügen muss. Dabei weiß ich aus ziemlich gut unterrichteten Kreisen, dass Mister »X« nur über ein eher popeliges Gehalt verfügt, sich also einen derartigen Pferdereichtum gar nicht leisten kann. Und die Unterbringung der armen Tierchen – unter aller Sau! Man sollte ihm tatsächlich mal den Tierschutz auf den Hals hetzen!

Natürlich muss dieser arrogante Großkotz jedem zeigen, wie dicke er es angeblich hat. Also pappt er sich nicht nur eine Isi-Gruppe als Erkennungszeichen rechts neben das Reserverad seines übertrieben großen Geländewagens, sondern überzieht sein Reserverad auch gleich noch mit einer wunderbaren Abdeckhaube, von der mir drei Isiköpfe, in Airbrush-Technik gefertigt, entgegenwiehern. Sicher lachen sie mich, den Habenichts, aus, während ich krampfhaft versuche, das hässliche Geländevehikel zu überholen.

Im Angesicht der drei Isiköpfe kocht mir natürlich die Galle über und sie beruhigt sich erst wieder, als ich einen waghalsigen Entschluss gefasst habe: Ich werde der Welt und allen, die es sonst nicht wissen wollen, zeigen, wo der wahre Isi-Fan zuhause ist. Zusätzlich zu meinem schmiedeeisernen Isi, der die kleine Freifläche über meinem Garagentor seit einiger Zeit ziert und ein wunderbarer Blickfang für allerlei Passanten ist, werde ich eine Island-Flagge hissen! Ganz richtig, eine Island-

Flagge. Von morgens bis abends wird sie im Wind knattern und jedermann wird mir und meiner Leidenschaft Respekt bezeugen. Und dieser Hansel mit seinen aufgetünchten Isis auf dem Reserverad wird vor Wut im Boden versinken.

Meine Seele findet wieder Frieden ob dieser genialen Idee, die ich sofort in die Tat umgesetzt habe. Über einen Mangel an Bewunderern meines Mini-Gestüts brauche ich mich seither nicht zu beklagen. Ganze Heerscharen wollen die Flagge sehen und hin und wieder gibt es sogar einen, der sich nicht verstört abwendet, sondern in militärisch strammer Haltung salutiert und die isländische Nationalhymne intoniert.

Leider ist mein Seelenfrieden nicht von langer Dauer. Das Böse ist eben immer und überall. Neid und Missgunst beherrschen diese Welt! Ich habe es nicht für möglich gehalten, und doch – das Symbol meiner Leidenschaft, diese wunderschöne Flagge, ruft die Konkurrenz auf den Plan. Respekt und Anerkennung von Gleichgesinnten habe ich erwartet, aber was entdecke ich Tage später? Den Gipfel der Perversion auf einem Dachfirst! Was anderes ist es nämlich nicht, wenn dort oben ein Isi dem Wetterhahn seinen angestammten Platz streitig macht. Ein Isi im schönsten Tölt auf dem Dachfirst! Kupfern (und viel zu fett, nebenbei gesagt) glänzt er im Sonnenlicht und verhöhnt uns, die kleinen, bescheidenen Isi-Fans, die mit beiden Beinen auf dem Boden geblieben sind und sich durch nichts weiter zu erkennen geben, als durch eine Islandflagge und den aufgepappten Tölter rechts neben dem Reserverad ihres bescheidenen Geländewagens.

Wie man reich wird

Sie wollen also reich werden?

Sie haben schon wer-weiß-was angestellt, aber es hat natürlich nicht geklappt! Kann ich mir denken. Die allerwenigsten Menschen haben das Zeug zum Bankräuber oder zum Lotto-Gewinner. Auch Sie nicht! Und mit ehrlicher Arbeit sollten Sie es schon gar nicht versuchen. Denken Sie nicht mal daran! Sie sterben darüber hinweg und auf Ihrem Grabstein wird stehen:

»Außer Spesen nichts gewesen.«

Nun seien Sie doch nicht gleich so niedergeschlagen! Depressionen helfen Ihnen auch nicht weiter. Die machen höchstens Ihren Therapeuten reich! Außerdem gibt es gar keinen Grund, den Kopf hängen zu lassen. Ich werde Ihnen nämlich das ultimative Rezept verraten, das Ihnen zu unvorhergesehenem Reichtum verhilft. Mir jedenfalls hat es geholfen. Ich bin ein reicher Mann geworden – eher zufällig zwar und ohne, dass ich darauf hingearbeitet habe, aber das spielt keine Rolle!

Also, alles, was Sie tun müssen ist, sich zwei Islandpferde kaufen!

Da staunen Sie, was? Sie sollten sich jetzt mal im Spiegel sehen! Aber trösten Sie sich – wahrscheinlich habe ich genauso dämlich aus der Wäsche geguckt, als mir klar wurde, dass meine zwei Islandpferde der Grund für meinen plötzlichen Reichtum sind.

Zuerst habe ich nichts bemerkt – außer dass mein ohnehin ziemlich schwindsüchtiges Bankkonto sich nahe am Exitus bewegte, nachdem ich ihm fast alles Geld entzogen hatte, um die Isis bezahlen zu können. Auch Wochen später noch steuerte ich aufgrund immenser Folgeausgaben eher auf eine Totalpleite zu, denn auf unermesslichen Reichtum. So jedenfalls sah ich es mit meinen Augen, den Augen eines engstirnigen, kleinkarierten Mittelstandsbürgers, der ich nun mal war und für den jede Geldausgabe mit dem Verlust desselben in direktem Zusammenhang stand.

Zum Glück aber gibt es auf dieser Welt genug Menschen, die den geschärften Blick für die Realität hinter den Kulissen des finanziellen Katzenjammers haben. Zum Glück liefen mir diese Menschen immer wieder über den Weg und öffneten mir mit leisem Nachdruck die Augen.

Das geschah anfangs eher schüchtern; niemand sagt einem anderen Menschen gern direkt ins Gesicht, dass er reich ist – es gibt da gewisse Schamgrenzen. Also tuschelten es sich die Nachbarn hinter vorgehaltener Hand zu:

»Meine Güte, der Lange, der muss Geld haben«, tuschelten sie, »kann sich zwei Islandpferde leisten! Wo gerade diese Pferde so unheimlich teuer sein sollen!«

Ich habe die Leute nicht tuscheln gehört! Aber gute Freunde von mir, die haben sie gehört. Und einer von ihnen hielt es für seine Freundespflicht, mich ins Vertrauen zu ziehen:

»Sag' mal, mein Lieber«, murmelte er mir in einer stillen Minute verschämt zu, »weißt du eigentlich, was die Leute über dich erzählen?«

Natürlich wusste ich es nicht.

»Also, du musst schweinemäßig viel Geld haben, sagen die Leute.«

»Aber ich habe kein Geld! Wieso sagen die so was?«

Er blickte mir treuherzig direkt ins Gesicht:

»Weil du dir zwei Islandpferde leisten kannst – sagen die Leute!«

»Aber das stimmt nicht!« erwiderte ich heftig, immer noch

fest in meinem alten Denken verwurzelt. »Ich habe viel Geld für die Pferde ausgegeben, das ist wahr, aber jetzt bin ich pleite!«

Der Blick meines Freundes wurde tadelnd:

»Also wirklich, mir brauchst du doch nichts vorzumachen. Ich bin schließlich dein Freund! Schau dich doch mal um. Welcher arme Schlucker kann sich schon zwei Pferde halten, so wie du?«

An dieser Stelle brach ich das Gespräch ab und schickte meinen Freund unter Vortäuschung eines wichtigen Termins nach Hause. Ich musste mit mir allein sein und über unser Gespräch nachdenken. Meine bisher vermeintlich so heile Weltsicht begann zu bröckeln. Und das tat weh!

Zum Glück vergaß ich schon Tage später das Geschwätz meines Freundes und ich konnte mich wieder an meinem leeren Bankkonto ergötzen und meiner absurden Weltanschauung frönen.

Als die Urlaubszeit kam, machten sich Hinz und Kunz wie immer auf die Socken, um altbekannte Fernziele aufzusuchen. Meine Familie und ich gehörten mal wieder nicht dazu. Aus reiner Gewohnheit – wir sind nun mal keine Wegfahrer. Dennoch fühlte sich mein Nachbar von links gegenüber – er verstaute gerade Waschmaschine, Hifi-Anlage und Gefriertruhe im Wohnwagen – genötigt, mich das erste Mal in seinem und meinem Leben zu fragen:

»Na, wo geht's denn bei Ihnen dieses Jahr in Urlaub hin? Seychellen? Malediven? Oder wollen Sie die Heimat Ihrer herrlichen Vierbeiner besuchen?« Er deutete dabei mit einem leichten Kopfnicken in Richtung auf meine Isis, die das Gespräch hinter ihrem Gatter mit wachsendem Interesse verfolgten.

Ich machte in diesem Moment zwei schwerwiegende Fehler. Anstatt ihm den Rücken zuzudrehen, ließ ich mich auf seine Frage ein und anstatt ihm unmissverständlich klarzumachen, dass ich mir, wie er ja nach etlichen Jahren Nachbarschaft wissen müsse, den Luxus leiste, nie in Urlaub zu fahren, sagte ich:

»Ach wissen Sie, das ist finanziell gar nicht drin! Die Pferde, Sie verstehen? Vielleicht mal zwei, drei Tage in den Schwarzwald. Wir haben da Bekannte, wissen Sie? Aber mehr geht nicht!«

Er blickte mich mit einem Ausdruck an, den auch Ehefrauen an den Tag legen, wenn sie von ihrem Ehemann permanent belogen werden, obwohl dessen außereheliches Verhältnis längst Dorfgespräch ist.

»Herr Lange, nun untertreiben Sie aber gewaltig! Sie als Pferdehalter! Gerade Sie sollten so nicht reden!« schnaubte er ungehalten. »Mal unter uns, wie sind Sie eigentlich zu dem plötzlichen Reichtum gekommen?« Er knuffte mich in die Seite und schielte mich verschwörerisch an. »Lottogewinn? Erbschaft? Mir können Sie's ruhig sagen. Ich schweige wie ein Grab.«

Ich schwieg auch. Was war nur los? Warum wusste jeder, dass ich in Geld schwamm, nur ich selbst nicht?

Am Abend dieses Tages setzte ich mich an meine Buchhaltung, ging meine Bankkonten Buchung für Buchung durch, quälte meinen Taschenrechner und hoffte inständig, die Millionen zu finden, die ich bisher übersehen hatte. Doch wie es schien, war mir, im Gegensatz zu den Menschen um mich herum, der Blick dafür versperrt.

Im Laufe der folgenden Wochen wurde mein gewohnter Alltagstrott durch einige unerwartete Ereignisse aufgelockert. Zuerst gaben sich binnen weniger Tage die Haustürsammler vom Roten Kreuz, vom Technischen Hilfswerk und der Kriegsgräberfürsorge die Klinke in die Hand. Ihnen folgten Sammler so exotischer Vereine wie »Meerschweine in Not« oder der »Verein zur Schaffung artgerechter Weideflächen für wildlebende Mustangs in Deutschland«.

Alle diese freundlichen Menschen hatten die Hoffnung,

ich würde ihre Sache mit einer großzügigen Spende unterstützen. Da ich ein sehr gutgläubiger und spendenfreudiger Mensch bin, spendete ich – im Rahmen meiner bescheidenen Möglichkeiten. Doch statt eines herzlichen »Dankeschön« erntete ich von ihnen nur verbitterte Blicke, die allesamt zum Ausdruck brachten, was ihre Münder nicht auszusprechen wagten:

»Du elender, stinkreicher Geizkragen, du!«

Ich merkte, wie ich Stück für Stück in ein Stimmungstief rutschte. Der feste Boden meines bisher geordneten Lebens schien mir zu entgleiten. Dieser Vorgang beschleunigte sich noch ein wenig, als ich wenige Tage später eher zufällig – ich hantierte gerade ungesehen hinter unserem mächtigen Klematisstrauch – eine fremde Frau mit ihrer Tochter am Zaun unseres Grundstücks beobachtete. Die Augen der Tochter hatten nur ein Ziel: meine beiden Isis!

»Oh, sind die niedlich!« hörte ich das Töchterchen seufzen. »So eins möchte ich auch haben!«

»Nein, nein, mein Schatz«, erwiderte die Mutter bestimmt, »die sind viel zu teuer. So ein Pferd können wir uns gar nicht leisten.«

Töchterchen schien sich mit dieser Tatsache abzufinden, unternahm aber sofort einen Versuch, meinen Isis näher zu kommen:

»Mama, ob ich die Pferdchen mal streicheln kann? Bitte, Mama, klingele doch mal bei den Leuten und frag', ob ich sie streicheln darf!«

Mama schien von der Idee absolut nicht angetan:

»Schatz, wo denkst du hin?« Sie baute sich vor ihrer Tochter auf und machte Drohgebärden. »Bei so reichen Leuten, wie die das sind, klingelt man nicht einfach! Die denken dann nur, wir wollen betteln. Außerdem mögen reiche Leute kleine Kinder nicht – und ihre Pferde lassen sie schon gar nicht streicheln. Das sind doch die Prestige-Objekte von denen!«

»Mama, was sind Prestojekte…?«

Ich wandte mich ab. Nicht nur, dass ich reich war – ich konnte auch kleine Kinder nicht ausstehen! Verdammt noch mal, was war ich nur für ein widerwärtiger Mensch? Reich, geizig und kinderfeindlich!

Ich beschloss, die Dinge selbst in die Hand zu nehmen. Ich hatte schlicht und einfach die Nase voll, mich jeden Tag aufs Neue von meinem Reichtum überraschen zu lassen, oder besser gesagt, mich von Leuten überraschen zu lassen die, im Gegensatz zu mir, von meinem Reichtum wussten.

Als erstes wechselte ich den Stammtisch. Ich ignorierte am folgenden Dienstag meine alte Stammtischrunde, der nur ausgewiesene Habenichtse angehörten und steuerte die Runde der fünf Männer an, die neunundneunzig Prozent des gesamten Dorf-Kapitals auf sich vereinigten. Sofort bot man mir einen Stuhl an, begrüßte mich mit beherztem Schulterklopfen und schon waren an diesem Stammtisch hundertfünfzig Prozent des gesamten Dorfkapitals versammelt.

Meine zweite Tat war der Besuch des besten und teuersten Autohauses in der Region. Der Inhaber schien mich geradezu erwartet zu haben. Er kannte mich zwar genauso wenig wie ich ihn, dennoch begrüßte er mich fast kumpelhaft:

»Na, Herr Lange, das wird nun aber auch wirklich Zeit, dass Sie mal bei mir vorbeischauen!« Er fasste mich am Arm und zerrte mich auf direktem Weg zu seinem teuersten Off-Roader. »was machen denn die lieben Kleinen so…?«

Naiv, wie ich war, glaubte ich, er erkundige sich nach meinen Kindern.

»Na, so klein sind die nun auch nicht mehr! Die Große beginnt dieses Jahr mit der Ausbildung und der Junge ist schon fast so groß wie ich.«

Der Händler kicherte auf eine Art und Weise, die mich ein wenig auf Distanz zu ihm gehen ließ:

»Wo denken Sie hin, Herr Lange«, gluckste er, »ich meine doch ihre lieben kleinen Pferdchen... Isländer, wenn ich mich nicht irre. Sollen ja ne richtig schöne Stange gekostet haben.«

»Allerdings«, seufzte ich, »deshalb kann ich mir auch gar kein neues Auto...«

Ich war auf dem besten Weg, wieder in meine alten Verhaltensmuster zurückzufallen, doch der nette Herr vom Autohaus unterbrach mich:

»Also, als Pferdehalter sollten Sie wirklich was für Ihr Image tun. Understatement ist ja recht nett, aber mit dem Vehikel, das Sie mir da auf den Hof bringen... na ja, das wissen Sie ja selbst, nicht? Sonst wären Sie ja wohl kaum hier.«

Er kicherte wieder und ich vergrößerte die Distanz zwischen uns um einen weiteren Meter.

Kurz und gut. Ich nahm den Off-Roader und dazu noch einen Luxus-Pferdehänger, den er zufällig auf dem Hof stehen hatte. Nagelneu. Der Vorbesitzer hatte ihn kaum zwei Tage. Erlag dann einem Herzinfarkt. Tja, so kann's gehen... Kleiner Seufzer des Bedauerns. Aber nun war ich ja da und würde mit dem Hänger das Andenken des Verstorbenen hochhalten.

Die Zahlungsmodalitäten waren äußerst großzügig. So solvente Kunden wie unsereins bekommen fast unbegrenzt Kredit.

»Aber ich bitte Sie, Herr Lange, bei Ihnen brauche ich mir nun wirklich keine Sorgen zu machen... Sicherheiten? Ach wo! Ihre Sicherheiten stehen doch bei Ihnen zuhause und fressen Heu!«

Er kicherte hysterisch, tätschelte mir den Arm und ich beeilte mich, unversehrt vom Hof zu kommen.

Trotz des großzügig bemessenen Zahlungszeitraums konnte ich es immer noch nicht leiden, bei irgendjemand Schulden zu haben. Das war noch so ein Relikt aus der Zeit, als ich weniger reich war. Also ging ich zu meiner Hausbank. Man dirigierte mich ohne Umschweife ins Zimmer des Filialleiters. Meine alte Kundenberaterin schien ab sofort für mich tabu zu sein.

»Was machen die Pferdchen?« begrüßte mich der Filialleiter.

Ich wunderte mich schon gar nicht mehr und antwortete das, was er hören wollte:

»Gut geht's den beiden. Ich überlege, ob ich nicht demnächst erweitern sollte. Kleines Gestüt, Sie verstehen? Mir fehlt da bloß noch die richtige Immobilie.«

Filialleiters Augen bekamen Sternenglanz.

»Herr Lange, lassen Sie mich mal machen. Ich finde genau das, was Sie brauchen. Ach äh ... bei der Gelegenheit, wollen Sie nicht ganz zu uns wechseln? Ich meine ... «, er druckste herum, es war ihm offensichtlich sehr peinlich, » ... jetzt sind Sie schon so lange unser Kunde, da macht es mich richtig ein wenig traurig, dass Sie Ihr ganzes Vermögen in die Hände der Konkurrenz gegeben haben. Wenn Sie es sich noch mal überlegen und uns Ihr Hab und Gut anvertrauen würden? Sie bekämen die besten Konditionen, das verspreche ich Ihnen in die Hand.«

Der Geschäftsmann erwachte in mir. Und zwar der von der fiesen Sorte.

»Tja, ich denke, darüber lässt sich reden«, sülzte ich, schlug meine Beine übereinander und lehnte mich genüsslich in meinem Besuchersessel zurück, »aber zuerst einmal brauche ich ein kleines Darlehen von Ihnen. So eine Art Vorschuss. Neuer Off-Roader, Pferdehänger und, und, und ... Ich muss expandieren, Sie verstehen?«

»Aber sicher, Herr Lange, ich verstehe voll und ganz. Und natürlich bekommen Sie Ihr Darlehen. Für Sie absolut günstig. Hier und jetzt. Sofort!«

Ich verließ die Bank als geheilter Mann. Ich war geheilt

von meinem Irrglauben, von meinen Zweifeln, von meiner Blindheit. Ich war endlich überzeugt von dem, was alle Welt schon wusste. Wenn in der Folgezeit mein Blick bei der Durchsicht meiner Kontoauszüge Gefahr lief, sich wieder einzutrüben, so rief ich mir dieses entscheidende Gespräch mit dem Leiter meiner Bankfiliale in Erinnerung und dann war es wieder tief in mein Gedächtnis eingebrannt:

Ich habe Pferde – also bin ich reich!

Turnier

Nie wieder Islandpferdehof! Das hatte ich mir nach meinem ersten, unrühmlichen Wochenende auf einem dieser Anwesen geschworen. Mir war die Schmach, die ich seinerzeit erlitten hatte, nie aus dem Kopf gegangen und die Bilder spukten zuweilen immer noch durch meine Alpträume. Aber Frauen sind stärker als Alpträume! Und irgendwann hatten sie mich breitgeschlagen – meine beiden Frauen und unsere islandpferdereitenden Freundinnen.

Mit all ihrem Charme (und all den anderen fiesen Mittelchen, mit denen Frauen Männer zu bearbeiten pflegen) hatten sie mich überredet, mit ihnen das nächstbeste Turnier irgendwo im Ballungszentrum der norddeutschen Islandpferdereiterei auf einem der vielen Heidehöfe zu besuchen. Immerhin war unser Ziel nicht der Hof meiner traumatischen Horrorerlebnisse und immerhin war ich nicht allein unter pferdenärrischen Frauen, die, wenn man sie zu solch einem Event starten lässt, durchaus eine ernste Gefahr für die Psyche des allein mitreisenden Normalmannes bilden können.

Nein, ich hatte, Gott sei Dank, noch einen Leidensgenossen bei mir, der, genau wie ich, nur Freude an seinem Isi-Kumpel haben wollte und ansonsten allen Zusammenrottungen pferdeverrückter Menschen eher mit Misstrauen begegnete. Dieser Leidensgenosse mit Namen Tobi also hatte sich geopfert, um mir in meinem Elend beizustehen, und so fuhren wir eines schrecklich kühlen Samstags mitten im Sommer gen Norden, unserem ersten Isi-Turnier entgegen.

Mit jedem Kilometer, der uns aus unserem heimatlichen Dunstkreis führte, spürte ich, dass wir in eine andere Welt eindrangen. Nein, natürlich war ich diese Strecke schon aus anderen, weit triftigeren Gründen gefahren, tagsüber, nachts, bei Schnee, Regen und Nebel. Und es war auch nicht wie damals, als wir zu dem dramatischen Isihof-Wochenende ausgerückt waren. Damals wusste ich nämlich nicht, wie es in jener Welt so ist, ja, ich ahnte es nicht einmal! Aber jetzt, auf dieser Fahrt war das ganz anders. Ich roch sie förmlich, die Islandpferdewelt, die gleich hinter Hannover beginnt und irgendwo am Nordpol endet. In Richtung Süden soll das ja ähnlich sein – da beginnt die Isi-Welt meines Wissens kurz vor Kassel und erstreckt sich bis zum Südpol. Ich jedenfalls komme von irgendwo dazwischen, dem sogenannten Isi-Niemandsland, und da wäre ich auch am liebsten geblieben. Aber wie ich schon sagte, mit pferdeverrückten Frauen ist in solch einer Angelegenheit nicht zu spaßen.

Nach gut zwei Stunden Fahrzeit, dreimaligem Verfahren (das gehört bei mir zum Standardprogramm) sowie entsprechend vielen Lästereinheiten seitens meiner Frau sahen wir in der Ferne eine Ansammlung unterschiedlichster Pferdeanhänger schimmern, ein sicheres Zeichen, dass wir uns unserem Ziel näherten. Mit jedem weiteren Meter in Richtung Gehöft konnten wir die rechts und links des Weges herumlungernden Pferde endlich auch als Isis identifizieren und wir wussten, dass wir uns, zumindest was die Pferderasse anging, auf dem richtigen Pfad befanden. Ein verwittertes Holzschild mit kaum leserlicher Aufschrift an der nächsten Abbiegung gab uns dann letzte Gewissheit darüber, dass wir unser gestecktes Ziel punktgenau erreicht hatten. Nichts konnte uns jetzt noch davon abhalten, unserem ersten Isi-Turnier beizuwohnen.

Kühl bis ans Herz setzten wir uns vom provisorischen Parkplatz auf grüner Wiese aus zu Fuß in Bewegung, um uns unter das zahlreich erschienene Pferdevolk zu mischen. Das heißt, wir versuchten, uns nicht schon auf dem Fußweg vom Auto weg und hin zum Turniergelände durch Anfälle hysterischer Vorfreude als Turnier-Greenhorns zu outen.

Ein erster prüfender Vergleich verriet mir, dass wir vom Outfit her in der Masse der Barbourjacken tragenden Isi-Freaks keine Spötteleien oder offene Anfeindungen zu erwarten hatten. Wir waren in unserem Billig-Wachstuch, in den original selbstgestrickten Islandpullovern und den Hüten (ebenfalls Wachstuch und Mitbringsel von der letzten Messe) einigermaßen konform gekleidet. Konnte uns nur noch unser ungelenkes Auftreten verraten. Da wir jedoch allesamt gelernt hatten, uns im freien Gelände und unter Menschen halbwegs sicher fortzubewegen, drohte auch hier keine Gefahr. Die losen Mundwerke allerdings, mit denen sich insbesondere meine weiblichen Mitreisenden schon während der Fahrt hervorgetan hatten, machten mir einige Sorgen. Zwar hatten wir alle ein paar Brocken Grundwissen in Sachen Isis vorzuweisen, aber sich damit am Rande des Turniergeschehens möglicherweise in Fachgespräche einzumischen, das wäre sicher unser Untergang gewesen.

So gesehen standen die Chancen fifty-fifty, dass wir ein angenehmes Turniererlebnis haben würden. Kaum eine Minute später standen die Chancen nur noch knapp vierzig zu sechzig für einen positiven Tagesausklang, denn eine unserer mitgereisten Freundinnen, sonst stets darauf bedacht, Weises von sich zu geben, nahm gleich das erste Pferd, das etwas abseits im Schatten eines Hängers gelangweilt an einigen Grashälmchen kaute, zum Anlass, ihr Fachwissen lautstark preiszugeben.

»Nun kuck dir mal das an!«, krähte sie. »Ein Haflinger! Kann mir mal einer verraten, was der auf einem Isi-Turnier zu suchen hat?«

Nun gut, eine berechtigte Frage. Und zugegeben, das Tier hatte tatsächlich eine gewisse Ähnlichkeit mit einem Haflinger, ebenso wie der plötzlich aus dem Nichts auftauchende Reitersmann gewisse Ähnlichkeit mit einem Dampfkessel kurz vor der Explosion hatte. Wir zogen es vor, uns schnellstens ins Getümmel zu stürzen und in der Anonymität unterzutauchen.

Später konnten wir unseren »Haflinger« in Aktion erleben. Er räumte schwer ab bei diesem Turnier und war der unumstrittene Star. Besonders sein so haflinger-untypischer Tölt in Reinkultur beeindruckte uns mächtig.

Doch bevor es soweit war, dass uns unser Rassen-Irrtum vor Augen geführt wurde, hatten wir noch etwas Zeit, um in das ganz besondere Flair so eines Islandpferde-Turniers einzutauchen. Immerhin gab es bei allem Neuen, was auf uns einstürmte, auch Vertrautes. So war unser anfängliches »Fremdeln« nur von kurzer Dauer, denn schon die erste Bratwurstbude und das benachbarte Bierzelt ließen so etwas wie Heimatgefühle aufkommen. Im Dunstkreis dieser Einrichtungen kannten wir uns aus – da war es ganz egal, ob wir uns auf einem Isi-Turnier befanden oder zuhause auf dem Schützenfest.

Wir stärkten uns mit Bratwurst und Steaks (sehr kross und sehr durch) und bewaffneten uns mit Bier und Cola. Derart vorbereitet zogen wir aus, um uns einen Stehplatz am Rande der Ovalbahn zu sichern. Eine Lücke zwischen zwei in ernsthafte Gespräche vertiefte Menschengruppen erklärten wir zu unserem Revier. Von hier aus hatten wir gute Sicht und konnten das Geschehen auf der Bahn wunderbar verfolgen. Das taten wir zunächst schweigend. Sogar unsere Frauen, sonst ein Quell überschäumender Redefreude, verstummten in Ehrfurcht vor den tierischen »Sport-Geräten«, die dort unter den Reiterinnen und Reitern in allen möglichen Gangarten ihre Runden drehten. Es war wirklich ein tolles »Material«, was dort so herumlief.

Und in diesen Minuten tiefster Ehrfurcht wurde mir zum ersten Mal der Unterschied klar zwischen so einem, wie ich es bin, der nichts weiter im Sinn hat, als sich mit seinem Isi einen schönen Tag zu machen und in der Gegend herumzudödeln und den Cracks, die mit ihren hochtrainierten Tieren Woche für Woche in raumgreifenden, ausgeprägten Bewegungen um die Bahnen hecheln mit dem Ziel, den Turniersieg zu erringen. Der Unterschied war so schlicht wie einleuchtend: Ich besaß zwei lahme Gäule, die gerade mal ein Bein vor das andere bekamen, die Cracks jedoch besaßen »Material«. Hochwertige High-Tech-Sportgeräte in Isi-Verkleidung. Ich fand das äußerst beeindruckend. Allerdings nicht sehr lange. Schon bald hatte ich, wie auch meine Mitgereisten, allen Respekt abgelegt. Wir erkannten, dass es auch im Bereich der »High-Tech-Isis« Unterschiede in der Qualität gab. Das heißt, wir erkannten es eigentlich nicht, aber die Fachleute links und rechts neben uns erkannten es und äußerten sich entsprechend. Das machte Mut, die Darbietungen selbst ein wenig kritisch unter die Lupe zu nehmen. Da wir den vorgetragenen Gangarten aber nicht wirklich etwas Negatives abgewinnen konnten, konzentrierten wir uns auf Reiterinnen und Reiter und auf deren Aussehen und Ausstrahlung. Wir vergaben einfach Sympathiepunkte, kamen dabei in unserer Gruppe nie zu einem einvernehmlichen Ergebnis und die Punktrichter waren sowieso nicht unserer Meinung.

Irgendwann wurden wir zwei Männer des Treibens an und auf der Ovalbahn überdrüssig. Zwar haben Tobi und ich durchaus Sinn für Harmonie, Rasanz und Schönheit. Aber wenn stundenlang weiter nichts passiert als schöne Pferde, Harmonie zwischen Reiter und Isi und rasante Gangarten, dann wird das schnell langweilig. Da half in diesem Falle noch nicht mal die ständig über das Gelände wabernde Musik, die zwar äußerst populär daherkam, aber immer nur einer einzigen Schublade entstammte. Ich fragte mich, warum nicht mal einer der Verantwortlichen auf die Idee kam, bei den Pass-Vorführungen so einen richtigen Heavy-Metal-Kracher vom Stapel zu lassen. Aber diese Kritik äußerte ich nur Tobi gegenüber, denn was wusste ich Laie denn schon...

Wir Männer zogen uns also angeödet von der Ovalbahn zurück und öffneten unsere Sinne für das, was es sonst noch auf dem Gelände zu entdecken gab.

Ein weißes Zelt fiel uns auf. Es stand etwas zurückgesetzt in der Nähe eines der backsteinigen Stallgebäude. Neugierig näherten wir uns dem Zelt, um gleich beim Eintreten mit Freuden festzustellen, dass es sich bei dem Bauwerk um einen wahren Lukullus-Tempel handelte. Torten, Blechkuchen, Gebäck, Kaffee! Wir waren gerettet! Das Turnier-Leben bekam wieder einen Sinn, umso mehr noch, als wir zwischen dem ganzen Kuchen eine mächtige Schüssel mit Roter Grütze entdeckten. Niemand von denen da draußen schien diesem kleinen Wunder bisher Beachtung geschenkt zu haben. Denn Rote Grütze mit Vanillesoße auf einem Isi-Turnier – das war ein Wunder! Alles hatten wir erwartet, nur das nicht!

Tobi und ich sahen uns nur an. Vorfreude blitzte aus unseren Augen. Wenig später saßen wir an einem der Tische im Zelt, löffelten genüsslich unsere Grütze mit Vanillesoße und amüsierten uns prächtig über die armen Irren, die fernab am Rande der Bahn andächtig einem Isi nach dem anderen hinterher gafften und darüber das wahre Highlight dieses Turniers verpassten. Wir waren egoistisch genug, um unsere Entdeckung nicht sofort in alle Welt hinauszuposaunen. Jedem das Seine, dachten wir nur; denen da draußen ihr »Material« und uns hier drinnen unsere Grütze.

Als Tobi und ich zum x-ten Mal um Nachschub bettelten, hatte sich der Inhalt des Grütze-Kübels bereits auf einen spärlichen Rest reduziert. Wir ließen uns unsere Schälchen unter den vorwurfsvoll dreinblickenden Augen der beleibten Dame hinter dem Tresen trotzdem füllen und beschlossen, jetzt mit der Grütze an die Öffentlichkeit zu treten. Also gesellten wir uns zu unseren Damen an der Ovalbahn, die erst uns, dann den Inhalt unserer Schälchen misstrauisch musterten.

Meine Frau, selbst große Liebhaberin der edlen Speise, schrie es als erste hinaus:

»Das ist ja Rote Grütze! Wo gibt's die denn?«

Ich blickte mich unauffällig um und merkte, dass die Aufmerksamkeit der Reitersleute um uns herum im Sekundentakt vom Geschehen auf der Ovalbahn weg und auf unsere Schälchen gelenkt wurde.

»Drüben im Zelt bei den Stallungen gibt es die Grütze«, krakeelte ich, »ihr müsst euch allerdings beeilen, sonst ist Schicht im Schacht!«

Was folgte, kam einer Kettenreaktion gleich. Um uns herum lösten sich die labilen Naturen unter den Turniergästen als erste von ihren Logenplätzen an der Ovalbahn und ließen Turnier Turnier sein. Im Schweinsgalopp oder in diesem Fall eher im Schweinepass stürmten sie unseren Frauen hinterher zum Zelt. Selbst die beinharten Turnier-Naturen, die bereits den ganzen Tag lang wie festgenagelt am Rand der Bahn standen, erreichte der Lockruf der Grütze, aber natürlich zu spät.

Dem tumultartigen Treiben und dem Kriegsgeschrei, das wenige Minuten später aus dem Zelt an unsere Ohren drang, war zu entnehmen, das der Kampf um die letzten zwei, drei Löffel Grütze aufs heftigste entbrannt war.

Tobi und ich nickten zufrieden und zollten als nunmehr letzte Zuschauer dem Geschehen auf der Ovalbahn unsere Aufmerksamkeit. Es wurde bestimmt von einem einsam dahintöltenden Isi und dessen Reiterin, einer offensichtlich eingefleischten Grütze-Hasserin. Auf dem Rasen innerhalb der Bahn hockten derweil drei Kampfrichter. Lustlos und unkonzentriert zückten sie ihre Bewertungstafeln und produzierten einige recht zweifelhafte Ergebnisse, während ihre Blicke und Gedanken immer wieder sehnsuchtsvoll in die Ferne schweiften – hin zum unerreichbaren Zelt und hin zu Roter Grütze.

Tobi und ich erbarmten uns der armen Seelen, nahmen ihnen die Tafeln und die Arbeit ab und ließen sie ziehen. So bekam dieses Turnier unerwartet doch noch einige annehmbare Wertungen in die Ergebnislisten geschrieben.

Alles Gute für unsere Isis (und für uns!)

Zweimal im Jahr steigt bei Islandpferdebesitzern der Adrenalinspiegel. Das ist bei mir und meinen Frauen ebenso der Fall wie wahrscheinlich bei den Besitzern anderer Pferderassen auch.

Im Frühjahr und im Herbst lungern wir für etliche Tage um den Briefkasten herum, stehen hinter Gardinen und beobachten das Treiben des arglosen Postboten oder wir überfallen den armen Briefträger sogar auf offener Straße und durchwühlen seine gelbe Post-Limousine nach dem Objekt unserer Begierde. Und dann, eines herrlichen Tages halten wir ihn endlich in den Händen – den Katalog mit all diesen wunderbaren Artikeln für Pferd und Reiter.

Der Vollständigkeit halber sei gesagt, dass sich das Ritual noch mindestens ein Mal wiederholen kann, je nachdem, bei wie vielen Reitartikel-Grossisten man Kunde ist. Rechnet man noch diverse Kleinanbieter dazu, die ihre Wurfpost an die Kunden bringen, dann kann es passieren, dass sich die Zeitspannen, in denen die Winter- und Sommerkataloge plus etlicher Sonderangebotsprospekte erscheinen, in extremen Fällen an beiden Enden vereinen, so dass über das ganze Jahr hinweg ein erhöhter Adrenalinspiegel angesagt ist und der Postbotenverschleiß dramatisch ansteigt.

Nach erfolgreich überstandener Auseinandersetzung mit dem Briefträger werden Kataloge und Prospekte sichergestellt. Dann beginnt der eigentliche Stress. In meinem Falle sind es immerhin drei Personen, die sich um die Katalog-Exemplare prügeln müssen, nämlich meine Frau, meine Tochter und ich. Oh ja, Sie haben richtig gelesen! Auch wenn Sie meinen, es sollte doch genug Lesestoff für alle vorhanden sein, dann unterliegen Sie einem großen Irrtum! Auf das ganze Jahr gesehen sammelt sich zwar eine ausreichende Menge an Katalogmaterial an, aber es kommt eben nicht alles an einem Tag, sondern kleckerweise Stück für Stück. Und jeder Katalog, jeder Prospekt weckt die Neugierde, die Begehrlichkeiten und damit die Kampfbereitschaft aufs Neue.

Meine Frau geht in der Regel als Siegerin aus der Schlacht hervor. Zähnefletschend presst sie das gute Katalogstück an ihre Brust und versucht, ihren beiden Verfolgern zu entkommen. Schließlich zieht sie sich in eine halbwegs geschützte Nische in unserer Wohnung zurück, stets auf der Hut vor der lauernden Meute, die sich in einiger Entfernung in Position gebracht hat und jede ihrer Gesichts- und Körperreaktionen genau registriert.

Eine gute halbe Stunde dauert diese Hängepartie. Nur ab und zu durchbricht das Umblättern der Katalogseiten die atemlose Stille und verleiht der knisternden Anspannung zusätzliche Brisanz. Geschickt versteht es meine Frau während dieser halben Stunde, ihre Lektüre vor den neugierigen Blicken der Rivalen zu schützen, obwohl die sich unbemerkt Zentimeter für Zentimeter herantasten und immer längere Hälse machen.

Dann endlich löst ein Aufschrei meiner Frau die Anspannung:

»Kuckt mal, sind die nicht schick?«

Mit einem einzigen Satz überbrücken meine Tochter und ich die Restdistanz zu meiner Frau und blicken ihr über die Schulter. Die Enttäuschung ist groß angesichts der Artikel, die sie so schick findet. Jedenfalls für mich! Was interessieren mich schon Damen-Reithosen?

»Hast du dir nicht erst vor drei Wochen eine bestellt aus diesem anderen Katalog?«

Ich versuche, meine Unzufriedenheit zu verbergen und etwas Sachlichkeit in die Situation zu bringen. Es will mir nicht gelingen.

»Ja und? Die ist aber richtig toll. Und ganz und gar nicht teuer!«, hält meine Frau dagegen und bekommt zu allem Überfluss auch noch Unterstützung von meiner Tochter.

»Unser Hördur braucht aber eigentlich eine Abschwitzdecke!«, protestiere ich vehement und habe einen gewissen Erfolg damit. Meine Frau verlässt tatsächlich für einen Moment ihre geliebten Reithosen und blättert weiter.

»Halt!«, unterbricht meine Tochter, als die T-Shirts wenige Seiten später in Sicht kommen.

Jetzt entspinnt sich eine etwas heftigere Diskussion, denn meine Tochter ist nicht so leicht zu überzeugen, dass eine neue Trense für Nonni dran ist und nicht so ein billiger Lappen von einem T-Shirt.

Noch vor den Trensen stolpern wir über die Halfter. Wir überlegen kurz, ob wir uns nicht ein halbes Dutzend auf Vorrat kaufen, denn Nonni neigt dazu, Halfter weichzukauen, wenn sie irgendwo herumhängen oder –liegen, und das passiert, zugegeben, bei uns leider öfter.

»Wo ist eigentlich meine Gerte?«, fällt mir plötzlich ein, als meine Frau gedankenlos weiterblättert.

Ich ernte desinteressiertes Schulterzucken.

Der Zwischenstopp bei den Gerten ist nicht von langer Dauer. Meine Wünsche werden in dieser Familie einfach nicht genügend respektiert!

Dafür schenkt meine Frau den drei oder vier Seiten mit Kräutermischungen jeglicher Art, mit Ergänzungsfutter, Cremes, Emulsionen, Lotionen, Shampoos, Ölen und anderem Unfug allergrößte Aufmerksamkeit. Ich fürchte nichts mehr als Menschen, die ein Herz für Tiere haben! Wenn die in der eigenen Familie zuhause sind, dann gilt Alarmstufe »Rot«! Ich behaupte, unsere beiden Isis werden anständig gehalten und versorgt. Sie sind gesund!

Meine Frau widerspricht dem nicht. Aber, unsere beiden Isis könnten immer noch ein wenig anständiger und gesünder gehalten und versorgt werden. Wie anders kann man seine Tierliebe besser zeigen und wozu um alles in der Welt gäbe es denn sonst all diese wunderbaren Mittelchen?

Also, wir brauchen...

Die Liste der überlebenswichtigen Nahrungs- und Pflegebeiwerke nimmt bedrohliche Ausmaße an. Leider sind unsere zwei Schätzchen nicht die Designer-Isis aus den Hochglanzreklamen und somit gibt es reichlich Kuren zur inneren und äußeren Anwendung, die, angefangen von den Hufen bis hin zu den Ohrspitzen, jeden Zentimeter des Pferdekörpers dem Isi-Ideal näher bringen sollen.

Immer noch auf der Suche nach Trense und Abschwitzdecke, stolpern wir Stunden später über Bücher und Videos. Man kann nie genug lernen und gerade meine Frau ist immer noch sehr wissbegierig! Mir hingegen liegt mehr die praktische Seite der Pferdehaltung am Herzen. Daher entreiße ich in einem plötzlichen Anfall meiner Frau den Katalog, als sie noch darüber nachsinnt, ob sie denn lieber das Buch »Was mir die Ohren meines Pferdes sagen wollen« kaufen soll oder doch besser »Die homöopathische Pferdeapotheke fürs Gelände«.

»Ehe ich es vergesse«, erkläre ich, »wir brauchen unbedingt ein neues Weidezaungerät.«

Sie sieht mich ungläubig an.

»Warum das denn? Was ist denn mit dem Gerät, das du letztes Jahr gekauft hast?«

»Naja, das ist wohl etwas zu schwach«, versuche ich zu erklären. »Und ein paar neue Zaunstangen und E-Band brauchen wir auch.«

»Dann können wir ja noch eine Hufraspel dazu bestellen«, lenkt meine Frau geschickt ab. Sie weiß zwar, dass ich nur im äußersten Notfall Hand an einen Pferdehuf legen würde, aber was man hat, das hat man.

»Ich will noch mal die T-Shirts sehen!«, macht sich meine Tochter nach längerer Zeit wieder bemerkbar, kommt aber nicht zum Zuge.

Jetzt bin ich nämlich an der Reihe, denn ich habe immer noch den eroberten Katalog in der Hand:

»Ich will eben noch mal nach den Reitschuhen sehen. Und dann brauche ich unbedingt eine wetterfeste Reitjacke ... was hältst du eigentlich von so einem schönen Lederhut? Echt australisch.«

»Aber du hast doch deinen Wachshut!«

Frauen können einem jeden Spaß verderben!

»Trotzdem«, knurre ich wütend.

»Jetzt will ich aber mal die T-Shirts ansehen!« Töchterchen gibt keine Ruhe und bekommt für zwei Minuten ihren Willen.

Am Ende des Tages ist unsere Einkaufsliste proppenvoll. Wir fallen erschöpft in die Betten, um kurz darauf in tiefem Schlaf zu versinken. Mitten in der Nacht wache ich auf und höre, wie meine Frau neben mir im Traum noch einmal die komplette Bestellung durchgeht, hier und da den einen oder anderen Artikel hinzufügt, bis sie irgendwann im Morgengrauen mit einem leichten Schmatzen den Traum-Katalog schließt und nur noch ein unruhiges Atmen hören lässt.

Der neue Tag beginnt mit nüchterner Routine. Gleich nach dem Frühstück kopiere ich den Bestellschein, da dieser eine Schein für unsere Wunschliste nicht ausreicht. Dann fülle ich mit sauberer Handschrift die beiden Formulare aus, erfasse alle Artikel, die wir gestern zusammengetragen haben und füge auch die Artikel hinzu, die meine Frau in der Nacht noch zusätzlich erträumt hat. Meine Frau ist übrigens das einzige Wesen, das sich exakt an seine Träume erinnern kann!

Bis zum Mittag ist der Bürokram erledigt und ich trage unsere Bestellung zur Post. Der Rest des Tages und die kommende Nacht gehören dann der Regenerierung. Dann aber beginnt schon wieder die Vorbereitung auf den nächsten Katalog, der in Kürze erscheinen müsste!

Ein sicheres Indiz dafür ist das nervöse Flackern in den Augen des Postboten, das jetzt täglich heftiger wird, immer wenn er die Stufen zu unserem Briefkasten hinaufsteigt ...

Impressionen

Ich sitze gern hier, auf meiner selbstgezimmerten Bank im Schatten der mächtigen, alten Eiche. Von hier aus habe ich einen guten Blick auf die langgezogene Weide, auf der unsere beiden Isis im hellen Sonnenlicht grasen. Für mich ist es ist ein Bild von unbeschreiblicher Schönheit und ich genieße diese Minuten in unserem kleinen »Paradies«, wie es meine Frau gern nennt. Sie hat Recht. Besser kann man diesen Ort nicht beschreiben. Hier fühlen wir uns zuhause, identisch mit uns selbst, im Einklang. Hier, direkt am Ortsrand, können wir unsere Seele baumeln lassen, verstummt der Lärm des Alltags, ist jegliche Hektik ausgeblendet. Hier haben wir, was wir brauchen: die Natur um uns und zwei Pferde, die von ihrem Charakter und ihrer Ausstrahlung her einzigartig sind und viel dazu beigetragen haben, dass wir unser inneres Gleichgewicht gefunden haben.

Wenn wir hier, unter der alten Eiche unsere beiden Schätze satteln, aufsitzen und direkt die weite Feldmark für unseren Ausritt vor uns haben, dann werden plötzlich wichtige Dinge unwichtig und schwere Gedanken leicht. Es besteht eine unsichtbare Verbindung zwischen Mensch und Tier, die uns etwas von dem ahnen lässt, was unser Leben ausmacht, was uns trägt. Es ist wie ein Guckloch, das uns einen Blick auf die göttliche Wirklichkeit unserer Existenz gewährt.

Hier unter der alten Eiche ist auch der Ort, an dem ich mir manchmal eine Rückschau gestatte. Ein nostalgisches Schielen auf das, was war, bevor jene Pferde aus Feuer und Eis in mein Leben stürmten und es total umkrempelten. Oft überkommt mich dann eine Heiterkeit, leicht wie ein Schmetterling und ich empfinde einfach nur Glück.

»Wie die Jungfrau zum Kinde bin ich dazu gekommen.«

Vor einigen Jahren habe ich das einmal geantwortet, als mich jemand fragte, wie man sich so etwas nur antun könne – sein bequemes Leben aufgeben für ein paar Viecher.

Um das klarzustellen, ich bin keine Jungfrau und meine Isis sind nicht Ergebnis einer unbefleckten Empfängnis. Doch es gab Zeiten, da habe ich mich schon gefragt, wie etwas geschehen konnte, was ich für mein Leben unter keinen Umständen vorgesehen hatte.

Überrumpelt worden bin ich jedenfalls nicht. Niemand hat mich bedroht, erpresst oder auf andere Art und Weise unter Druck gesetzt. Allem, was geschah, hatte ich vorher ausdrücklich zugestimmt. Sicher, das übermächtige weibliche Element in meiner Familie hat auf eine ganz spezielle Art und Weise Einfluss auf mich ausgeübt, aber das allein kann es nicht gewesen sein. Nie habe ich mich in meinen Entscheidungen ferngesteuert gefühlt.

Ich denke – nein, ich weiß, es waren die Isis selbst, die einen Umbruch in meinem Leben bewirkt haben, den ich nie erwartet hätte. Als ich sie zum ersten Mal auf einer Koppel grasen sah, weit entfernt, aber nicht weit genug, da war das wie eine beginnende Schwangerschaft (um beim Bild mit der Jungfrau zu bleiben). Der Same war gelegt worden und bedurfte nur noch der intensiven Pflege, um zu reifen. Das übernahmen meine beiden Frauen mit einer Hingabe, die ohne Beispiel war.

Ich selbst tat nicht mehr, als mich ständig etwas weniger zu sträuben. Dem zu Beginn noch sehr entschlossenen »Nein«, als es darum ging, ein eigenes Islandpferd zu besitzen, folgte ein »Ja« mit Einschränkung. Das hörte sich ungefähr so an:

»Also, um das klarzustellen, wenn ihr zwei euch unbedingt ein Pferd aufhalsen wollt, dann tut das meinetwegen. Aber lasst mich aus dem Spiel. Ich habe meine Schriftstellerei, das beansprucht mich mehr als genug.«

Wenig später brach der nächste Damm. Ich schloss nicht aus, hier und da mitzuhelfen, wenn denn erst mal ein Isi da sein sollte. Und in der darauf folgenden Phase überwand ich mich (wie immer ganz aus freien Stücken), meine Ersparnisse anzugreifen, denn so ein Isi ist nicht gerade billig. Mein neuer Computer musste eben warten. Den letzten Schritt der Verwandlung tat ich, als ich mir ein Herz fasste und ein lebendes Islandpferd bestieg. Dieser magische Moment veränderte mein Leben komplett. Bis hierher, so schien es mir, war alles nur ein Spiel gewesen, ohne ernste Folgen. Doch dort oben, auf dem Rücken von Hördur, entdeckte ich mich neu. Ich sah plötzlich den Weg zurück zu meinen Wurzeln vor mir liegen.

Zugegeben, ein Stadtmensch war ich nie. Und ein Waldweg war mir noch immer lieber als eine Autobahn. Aber ich hatte auch nicht gerade den Drang, mein Leben in Wind und Wetter zu verbringen. Da hielt ich es doch mehr mit Schreibtisch und Computer. Lag es vielleicht daran, dass mir meine Eltern ins Stammbuch geschrieben hatten, ich sei als Handarbeiter nicht zu gebrauchen (»Der Junge hat es mehr im Kopf als in den Händen«)? Oder war es die Flucht aus dem ländlichen Mief meiner Jugend, umgeben von Schweinen, Ziegen und Hühnern einer typischen Selbstversorger-Familie auf dem Dorf?

Egal wie, ich bekam plötzlich Sehnsucht danach, wieder das zu sein, was ich eben auch war: nicht nur der Schreibtischtäter, sondern genauso der Junge vom Land. Und dieser Hördur, den wir wenig später kauften, weckte in mir den Wunsch, meine noch unentdeckten Fähigkeiten zu suchen und zu finden (da musste noch was sein, das ahnte ich...).

Es waren einfach herrliche Zeiten, die folgten. Die Wochen und Monate der Annäherung an ein Pferd, das uns nicht kannte und das wir nicht kannten. Wir lebten die ganze Gefühlspalette 'rauf und 'runter: Angst, Spannung, Freude,

Trauer, Frust. Wir waren blind wie die Maulwürfe, als wir uns in das Abenteuer Islandpferd stürzten. Wir hatten keine Ahnung und wussten nicht annähernd, was uns erwartete. Wir erhielten Ratschläge – gute und schlechte, wir lernten Menschen kennen – nette und weniger nette. Vor allen Dingen aber lernten wir eine Pferderasse kennen und lieben: das Islandpferd.

Und heute? Ich bereue nichts. Ich führe ein Leben, in dem es nur an einem mangelt, nämlich an Langeweile. Manchmal, aber wirklich nur manchmal fallen mir wieder die Dinge ein, die ich jetzt nicht mehr machen kann, zum Beispiel einen ausgedehnten Urlaub. Aber ich spüre auch, ich brauche ihn nicht, den Urlaub am Teutonengrill oder an anderen Orten. Ich genieße meine Ausritte am späten Sommerabend, im frischen, nebelverhangenen Herbstmorgen oder im Schnee und meine Seele blüht auf.

Ich blicke gern auf die Weidehütten und Weidezäune oder auf den Holzstall und ich weiß, das sind meine Werke, mit meinen Händen selbst geschaffen. Ich denke, hey Mann, du kannst es doch! Du bist eben nicht nur der Kopfarbeiter, für den dich deine Eltern hielten. Du bist mehr, viel mehr, auch wenn es vierzig Jahre brauchte, um das herauszufinden.

Und eine Sache macht mich besonders froh: In mir und zum Glück auch in meiner Frau war nie der Ehrgeiz, Reitsport zu betreiben. Nie dachten wir an Preise und Trophäen und daran, unsere Pferde zu Sportgeräten oder »Material« verkommen zu lassen. Wir wollten nur eins sein: Freizeitreiter. Und unsere Isis sollten unsere Freunde sein. Wir wollten uns auf sie verlassen und sie sollten sich auf uns verlassen dürfen. Ich glaube manchmal, sie haben dieses Angebot gern angenommen und zahlen es uns mit jedem Tag neu zurück.

Es gibt immer wieder Momente, da wächst mir alles über den Kopf. Etwa dann, wenn der Tierarzt alle zwei Tage auf dem

Hof erscheint oder wenn der Hufschmied ein abgetretenes Eisen zum x-ten Mal aufnageln muss. Ich möchte alles hinschmeißen, wenn das Gewitter uns die Heuernte verhagelt oder unser Paddock nach tagelangen Regenfällen im Schlamm versinkt und eine teure Renovierung unumgänglich wird.

Doch wenn ich mich dann ernsthaft frage: »Willst du wirklich das alles aufgeben?«, dann wird mir klar, ich möchte es auf keinen Fall missen.

Vielleicht ist irgendwann mal etwas anderes dran. Ich hoffe, ich werde erkennen, wann es soweit ist. Vielleicht werde ich dann mit ein wenig Wehmut an meine Isi-Zeit zurückdenken. Nur eins werde ich sicher nicht tun:

eine einzige Minute von der Zeit mit meinen Isi bereuen.

Service

Nützliche Adressen

IPZV e.V. (Islandpferde-Reiter- und Züchterverband)
Bundesgeschäftsstelle
Thomas Schiller
Justus-von-Liebig-Str. 5
31162 Bad Salzdetfuth
Tel. 05063/271566
Fax 05063/271567
www.ipzv.de

Kontaktadresse IPV-CH in der Schweiz
Geschäftsstelle
Hofuren 49
4574 Nennigkofen
Tel. 032/6219780
Fax 032/6219781

Kontaktadresse ÖIV in Österreich
Geschäftsstelle
Böhmhof 16
3910 Zwettl

Zum Weiterlesen

Adalsteinsson, Reynir / Hampel, Gabriele: Reynirs Islandpferde-Reitschule; Das Spiel mit dem Gleichgewicht, Stuttgart 1998

Haag, Thomas / Schwörer-Haag, Anke: Gaedingar – Islandpferde besser reiten, Stuttgart 2003

Schwörer-Haag, Anke: Das Islandpferd; Geschichte, Haltung, Freizeit, Sport, Stuttgart 1998

Haag, Thomas / Schwörer-Haag, Anke: Reiten auf Islandpferden; Spaß an Tölt und Pass, Stuttgart 2000

Videos

Adalsteinsson, Reynir / Hampel, Gabriele: Reynirs Islandpferde-Reitschule; Ausbildung, Sitz und Hilfen, Gangarten, Stuttgart 1998

Schickler, Felix: Islandpferde in Sport und Freizeit

Literaturtipps

Roland Lange, Großer Traum und kleine Lügen, Pferdebuch für Mädchen ab 9 Jahren, Lahr 1995

Roland Lange, Faxi – im vierten Gang durch Dick und Dünn, ein Mädchenroman, Katlenburg 2000

Autoren-Homepage (mit angeschlossenem Online-Buchshop): www.autor-rolandlange.de

Bildnachweis

8 Bildtafeln mit 11 Farbabbildungen von Roland Lange, Katlenburg.

Impressum

Umschlag von eStudio Calamar unter Verwendung von einem Farbfoto von www.RamonaDuenisch.de.

Mit 11 Farbfotos auf 8 Bildtafeln.

Bibliografische Information Der Deutschen Bibliothek
Die Deutsche Bibliothek verzeichnet diese Publikation in der Deutschen Nationalbibliografie; detaillierte bibliografische Daten sind im Internet über http://dnb.ddb.de abrufbar.

ISBN 3-440-09485-5
Redaktion: Katja Metzler
Gestaltungskonzept: eStudio Calamar
Satz: TypoDesign, Radebeul
Reproduktion: TypoDesign, Radebeul
Produktion: Kirsten Raue, Claudia Kupferer
Printed in Czech Republic / Imprimé en République Tchèque
Druck und Binden: Těšínská Tiskárna, a.s., Český Těšín